好《す》きを知《ち》識《しき》と力《ちから》にかえる

Newton《ニュートン》

博士《はかせ》ずかん

びっくり人《じん》体《たい》

Gallery
ギャラリー

びっくり図《ず》解《かい》！ガイコツのダンス

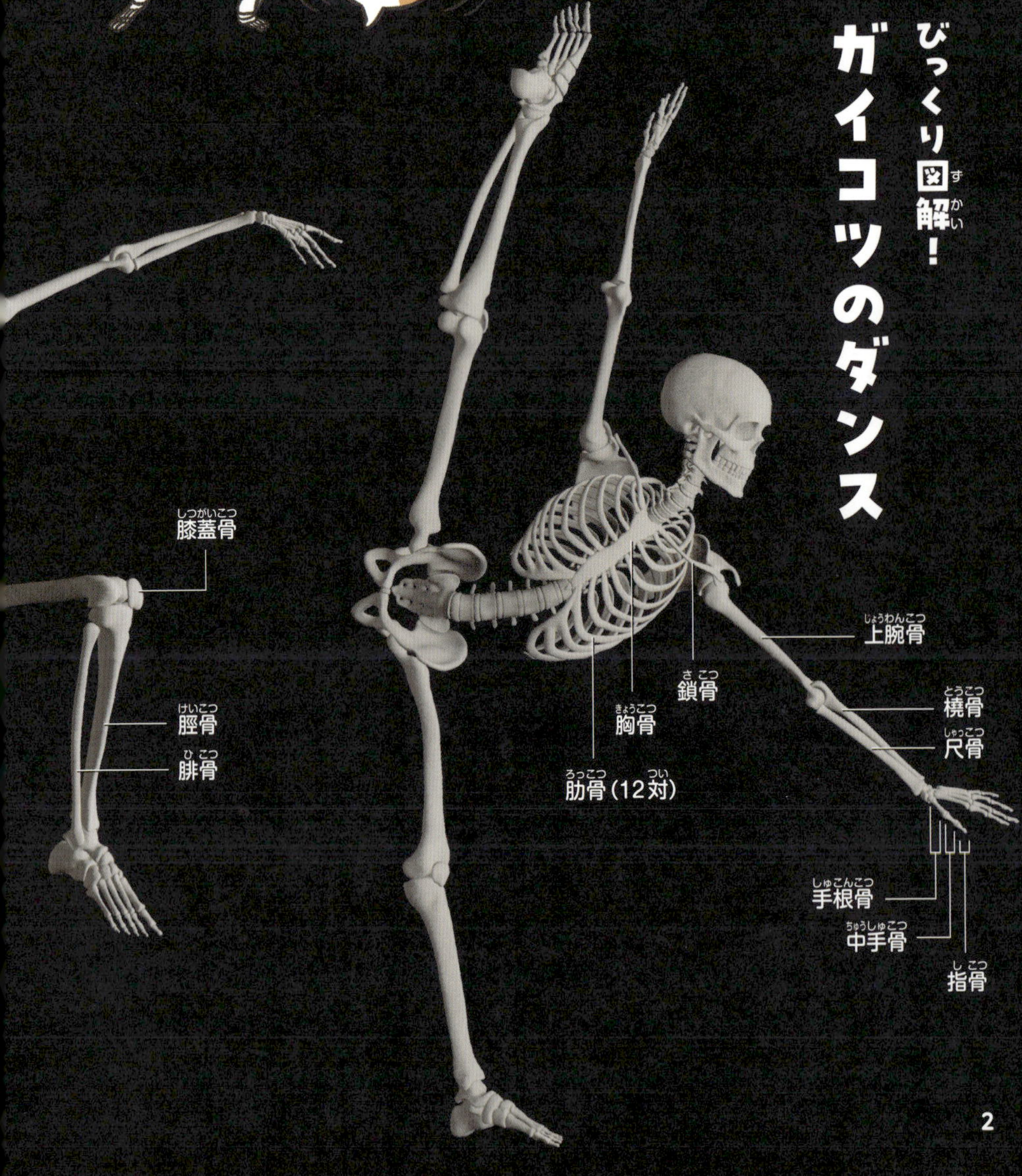

膝蓋骨《しつがいこつ》
脛骨《けいこつ》
腓骨《ひこつ》
上腕骨《じょうわんこつ》
鎖骨《さこつ》
胸骨《きょうこつ》
肋骨《ろっこつ》（12対《つい》）
橈骨《とうこつ》
尺骨《しゃっこつ》
手根骨《しゅこんこつ》
中手骨《ちゅうしゅこつ》
指骨《しこつ》

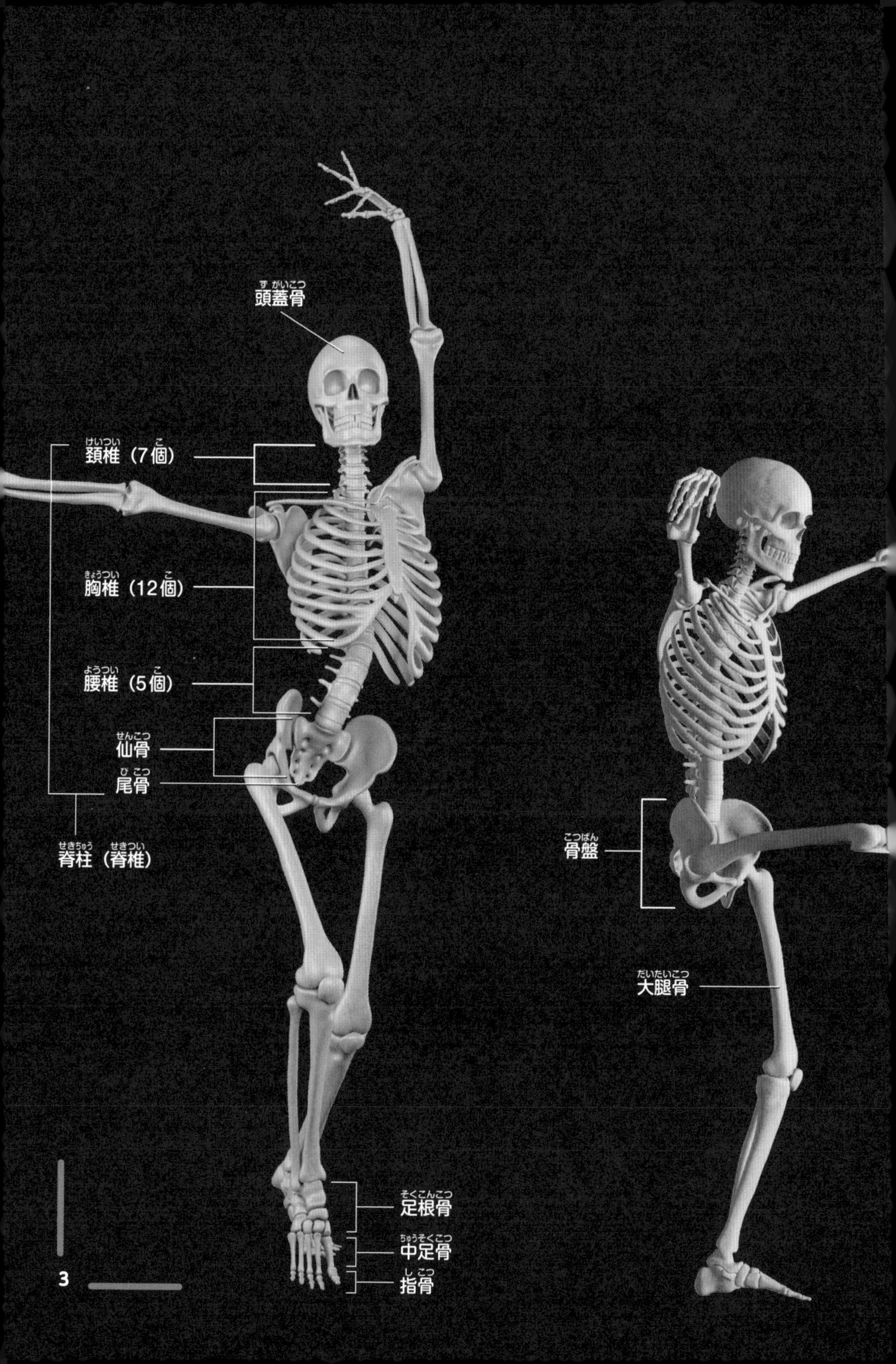
頭蓋骨《ずがいこつ》
頸椎《けいつい》（7個《こ》）
胸椎《きょうつい》（12個《こ》）
腰椎《ようつい》（5個《こ》）
仙骨《せんこつ》
尾骨《びこつ》
脊柱《せきちゅう》（脊椎《せきつい》）
骨盤《こつばん》
大腿骨《だいたいこつ》
足根骨《そくこんこつ》
中足骨《ちゅうそくこつ》
指骨《しこつ》

Gallery
ギャラリー

びっくり図《ず》解《かい》！ 皮《ひ》膚《ふ》だけとうめい人《にん》間《げん》

胃《い》

食《た》べものの消化《しょうか》、殺菌《さっきん》、一時的《いちじてき》な貯蔵《ちょぞう》などを行《おこな》う。食《た》べものの量《りょう》に応《おう》じて、のびちぢみする。

大腸《だいちょう》

うんちをつくる、長《なが》さ1.6メートルほどの管《くだ》。

小腸《しょうちょう》

消化《しょうか》や栄養素《えいようそ》吸収《きゅうしゅう》の中心地《ちゅうしんち》。

骨《ほね》

体重《たいじゅう》のおよそ15%《パーセント》をしめる。体《からだ》を支《ささ》え内臓《ないぞう》を守《まも》るガードマン。

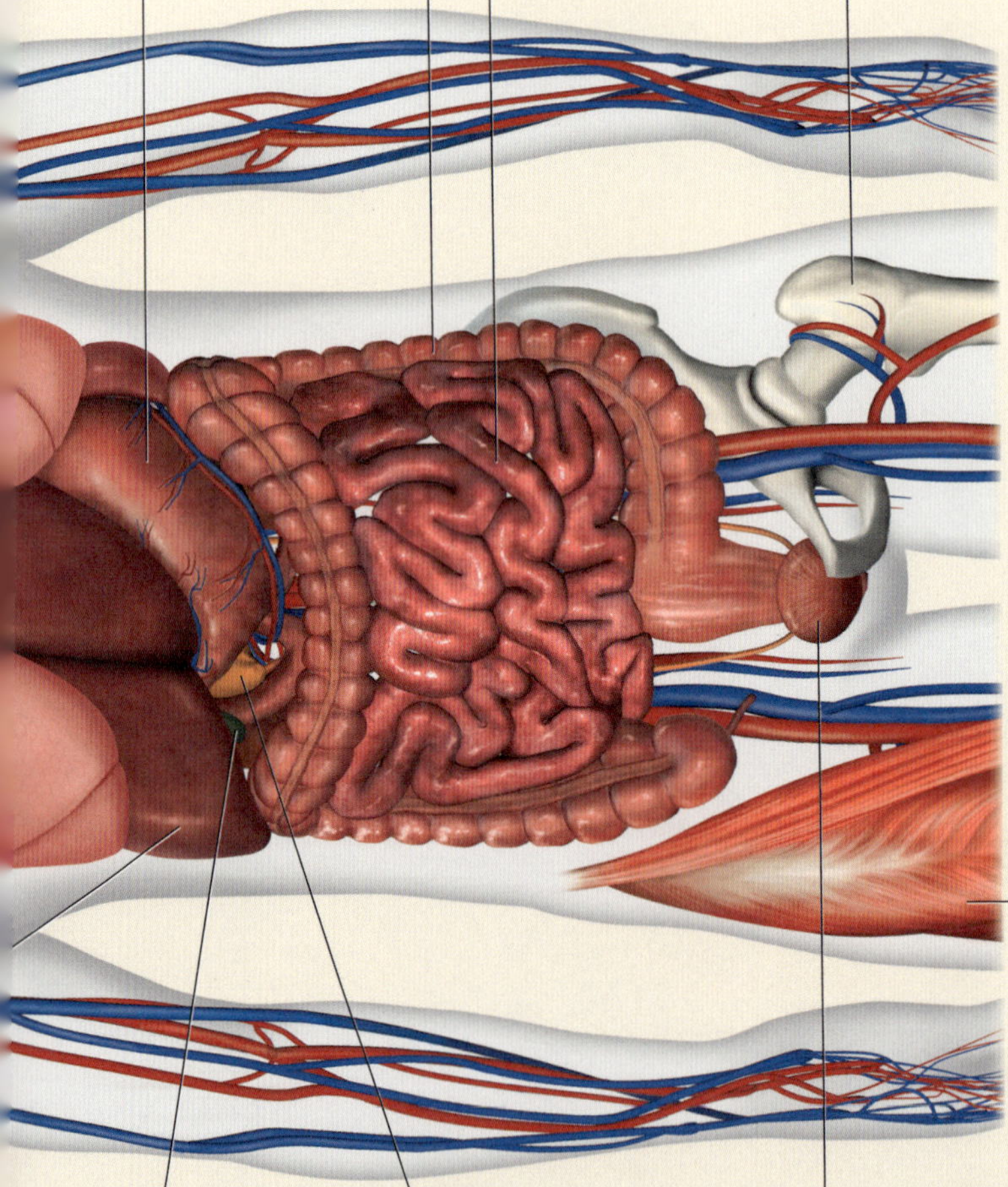

胆《たん》のう

肝臓《かんぞう》でつくられた胆汁《たんじゅう》を、ためてこく（濃縮《のうしゅく》）する。

膵臓《すいぞう》

胃《い》のうしろにある。膵《すい》液《えき》を分泌《ぶんぴつ》したり、血糖《けっとう》値《ち》を調節《ちょうせつ》したりする。

ぼうこう

おしっこをためるところ。いっぱいになると、大《おお》きくなる。

筋肉《きんにく》

体重《たいじゅう》の40～50%《パーセント》をしめる。腕《うで》や足《あし》など、自分《じぶん》の意思《いし》で動《うご》かせる「随意筋《ずいいきん》」と、心臓《しんぞう》や血管《けっかん》など、自《じ》分《ぶん》の意思《いし》では動《うご》かせない「不随意筋《ふずいいきん》」に分《わ》けられる。

※重《おも》さや大《おお》きさなどは、すべて大人《おとな》の場合《ばあい》。

脳《のう》

人体《じんたい》の司令塔《しれいとう》。重《おも》さ1.4キログラムほど。

肺《はい》

血液《けつえき》に酸素《さんそ》をわたし、二酸化炭素《にさんかたんそ》を受《う》け取《と》るところ。左右《さゆう》で4～5リットルの空気《くうき》が入《はい》る。

心臓《しんぞう》

血液《けつえき》を全身《ぜんしん》にめぐらせるポンプ。左右《さゆう》の肺《はい》の間《あいだ》にあるが、やや左側《ひだりがわ》(イラストでは上《うえ》)にかたよっている。

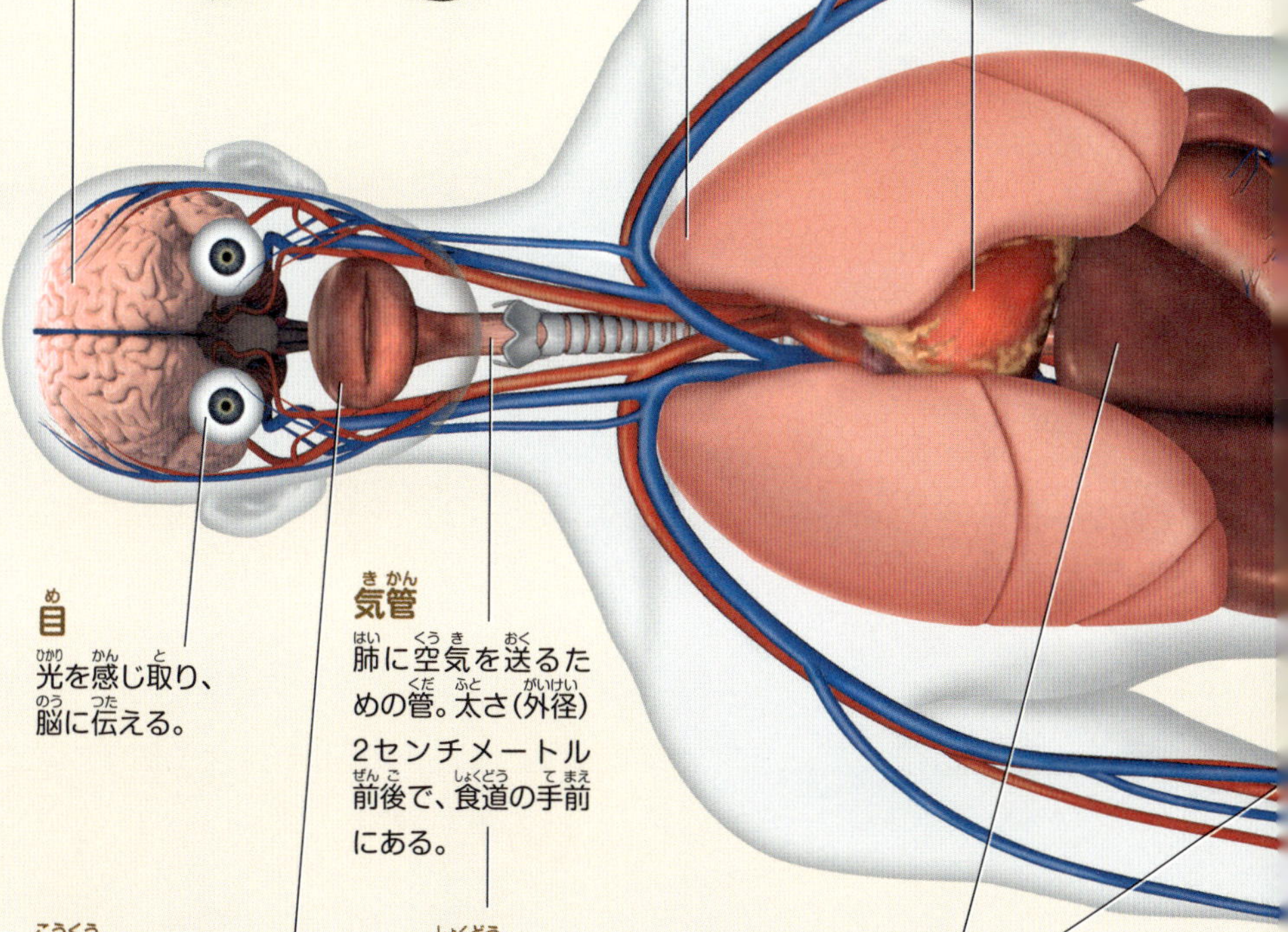

目《め》

光《ひかり》を感《かん》じ取《と》り、脳《のう》に伝《つた》える。

気管《きかん》

肺《はい》に空気《くうき》を送《おく》るための管《くだ》。太《ふと》さ(外径《がいけい》)2センチメートル前後《ぜんご》で、食道《しょくどう》の手前《てまえ》にある。

口腔《こうくう》

口腔《こうくう》とは「口《くち》の中《なか》」のこと。食《た》べものを歯《は》でかみくだき、唾液《だえき》とまぜて、飲《の》みこみやすい状態《じょうたい》にするところ。

食道《しょくどう》

長《なが》さ25センチメートルほどの管《くだ》で、食《た》べものが通《とお》る。気管《かん》のうしろ(背中側《せなかがわ》)にある。

肝臓《かんぞう》

薬《くすり》やアルコールの分解《ぶんかい》、栄養素《えいようそ》の貯蔵《ちょぞう》、胆汁《たんじゅう》の生成《せいせい》・分泌《ぶんぴつ》などにかかわる。

副腎《ふくじん》

ホルモンを分泌《ぶんぴつ》するところ。左右《さゆう》の腎臓《じんぞう》の上《うえ》にのっているが、腎臓《じんぞう》とはつながっていない。

腎臓《じんぞう》

血液《けつえき》をろ過《か》して、おしっこをつくる。左《さ》右《ゆう》にひとつずつあり、重《おも》さは片《かた》側《がわ》で130グラムほど。

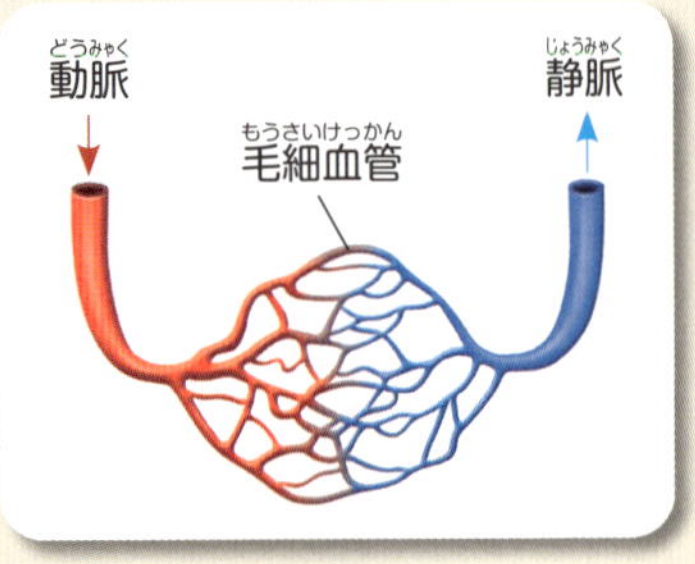

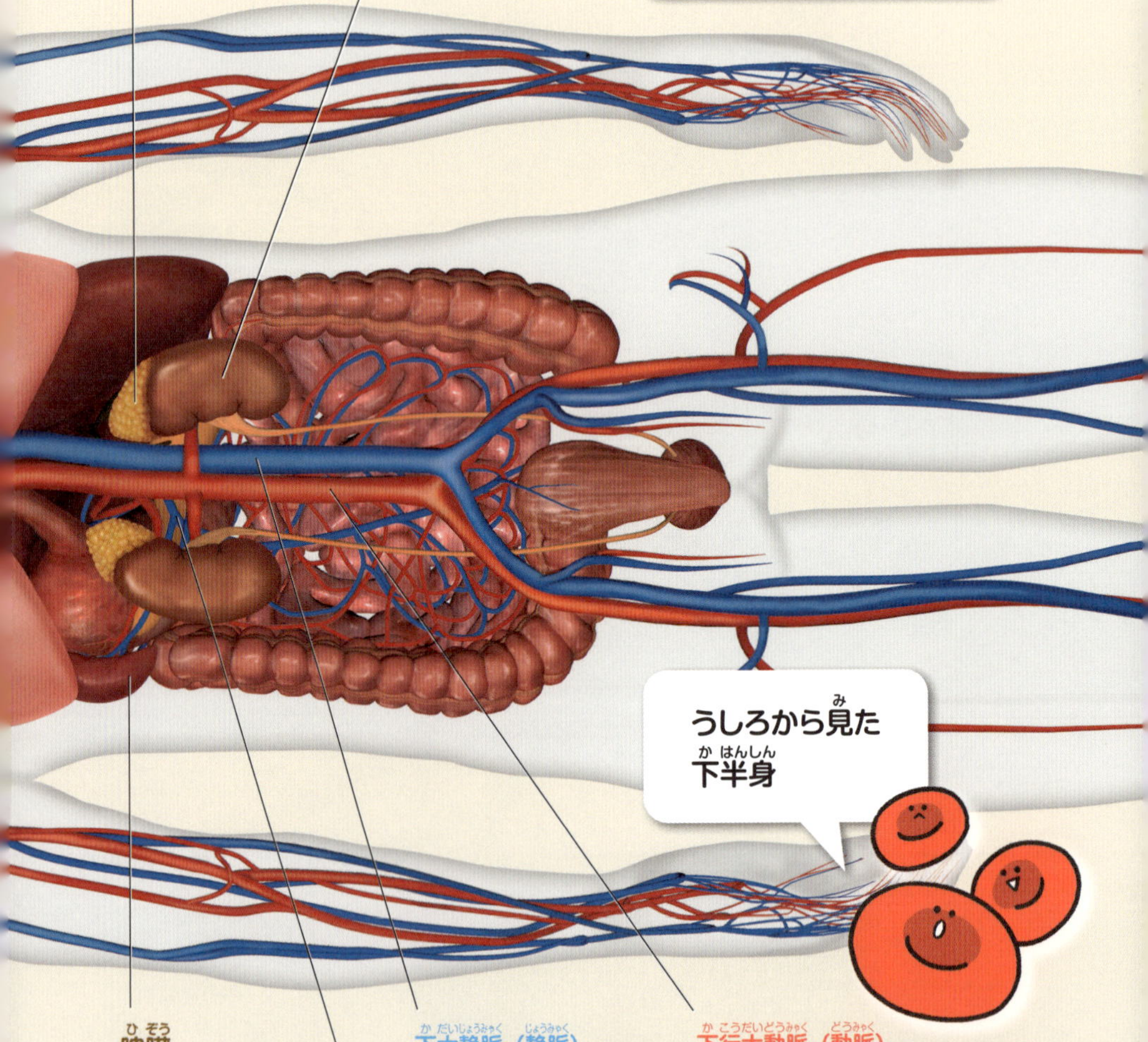

脾臓《ひぞう》

古《ふる》くなった赤血球《せっけっきゅう》をこわすところ。

下大静脈《かだいじょうみゃく》（静脈《じょうみゃく》）

お腹《なか》や下半身《かはんしん》から心臓《しんぞう》にもどる血液《けつえき》が流《なが》れる血管《けっかん》。

下行大動脈《かこうだいどうみゃく》（動脈《どうみゃく》）

心臓《しんぞう》から出《で》てすぐに、下《した》に向《む》かう血管《けっかん》。お腹《なか》の器官《きかん》や下半身《かはんしん》に血液《けつえき》を届《とど》ける。

門脈《もんみゃく》

「主《おも》に腸《ちょう》で吸収《きゅうしゅう》した栄養素《えいようそ》をふくむ血液《けつえき》」を、肝臓《かんぞう》へ送《おく》る。

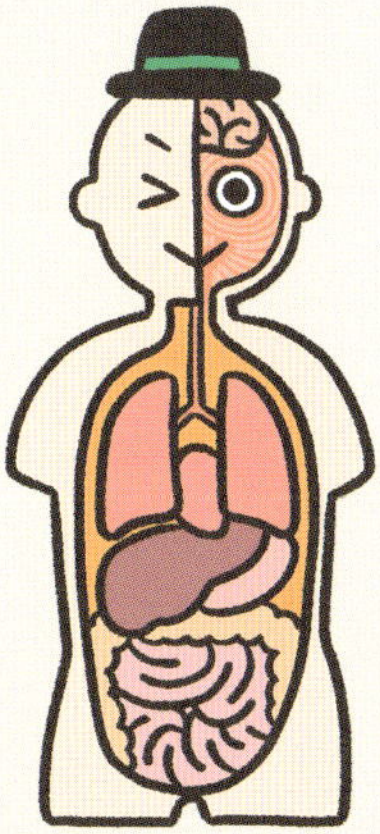

人間《にんげん》の手《て》のひらみたいな…

動物《どうぶつ》の指紋《しもん》（皮膚紋理《ひふもんり》）

コアラ

オラン
ウータン

Gallery
ギャラリー

びっくり図解《ずかい》！ ブロードマンの脳地図《のうちず》

右大脳半球《みぎだいのうはんきゅう》（↓）
（内側《うちがわ》から見《み》た場合《ばあい》）

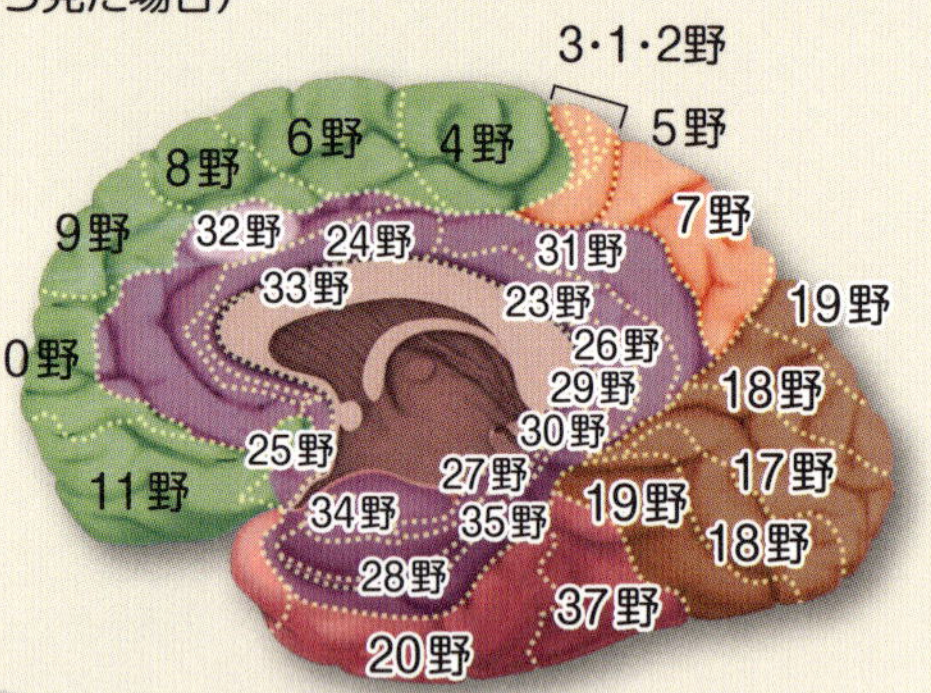

3・1・2野
6野
4野
8野
5野
9野
32野
24野
31野
7野
33野
23野
19野
10野
26野
29野
18野
30野
25野
27野
17野
11野
34野
35野
19野
18野
28野
37野
20野

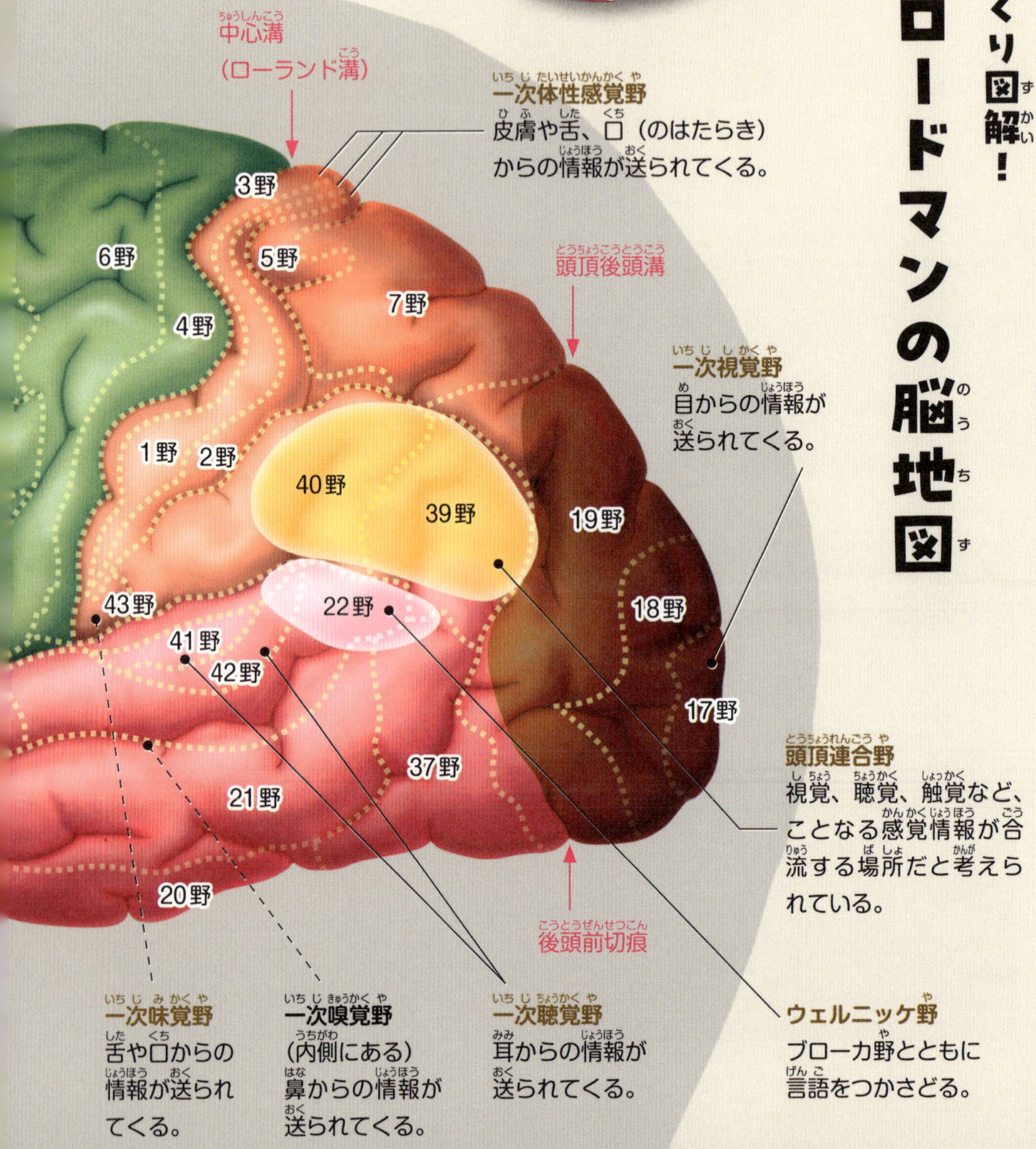

中心溝《ちゅうしんこう》
（ローランド溝《こう》）
一次体性感覚野《いちじたいせいかんかくや》
皮膚《ひふ》や舌《した》、口《くち》（のはたらき）からの情報《じょうほう》が送《おく》られてくる。
3野
6野
5野
7野
4野
頭頂後頭溝《とうちょうこうとうこう》
一次視覚野《いちじしかくや》
目《め》からの情報《じょうほう》が送《おく》られてくる。
1野
2野
40野
39野
19野
43野
22野
18野
41野
42野
17野
37野
21野
20野
頭頂連合野《とうちょうれんごうや》
視《し》覚《ちょう》、聴覚《ちょうかく》、触覚《しょっかく》など、ことなる感覚情報《かんかくじょうほう》が合流《ごうりゅう》する場所《ばしょ》だと考《かんが》えられている。
後頭前切痕《こうとうぜんせつこん》
一次味覚野《いちじみかくや》
舌《した》や口《くち》からの情報《じょうほう》が送《おく》られてくる。
一次嗅覚野《いちじきゅうかくや》
（内側《うちがわ》にある）
鼻《はな》からの情報《じょうほう》が送《おく》られてくる。
一次聴覚野《いちじちょうかくや》
耳《みみ》からの情報《じょうほう》が送《おく》られてくる。
ウェルニッケ野《や》
ブローカ野《や》とともに言語《げんご》をつかさどる。

左大脳半球《ひだりだいのうはんきゅう》(↓)

(外側《そとがわ》から見《み》た場合《ばあい》)

大脳半球《だいのうはんきゅう》

前頭葉《ぜんとうよう》

一次運動野《いちじうんどうや》(4野《や》)
運動前野《うんどうぜんや》(6野《や》)
前頭眼野《ぜんとうがんや》(8野《や》)
前頭前野《ぜんとうぜんや》(9～11、44～47野《や》)
ブローカ野《や》(44・45野《や》)

頭頂葉《とうちょうよう》

一次体性感覚野《いちじたいせいかんかくや》(1～3野《や》)
二次体性感覚野《にじたいせいかんかくや》(5・7野《や》)
頭頂連合野《とうちょうれんごうや》(39・40野《や》)
一次味覚野《いちじみかくや》(43野《や》)

後頭葉《こうとうよう》

一次視覚野《いちじしかくや》(17野《や》)
二次視覚野《にじしかくや》(18野《や》)
三次視覚野《さんじしかくや》(19野《や》)

側頭葉《そくとうよう》

一次聴覚野《いちじちょうかくや》(41・42野《や》)
二次聴覚野《にじちょうかくや》／ウェルニッケ野《や》(22野《や》)
側頭連合野《そくとうれんごうや》(20・21野《や》)
一次嗅覚野《いちじきゅうかくや》(28野《や》)

大脳辺縁系《だいのうへんえんけい》

大脳基底核《だいのうきていかく》を包《つつ》むように
存在《そんざい》する。

前頭前野《ぜんとうぜんや》

前頭葉《ぜんとうよう》の最前部《さいぜんぶ》。前頭葉《ぜんとうよう》のなかでも、とくに高度《こうど》な活動《かつどう》をになっている。

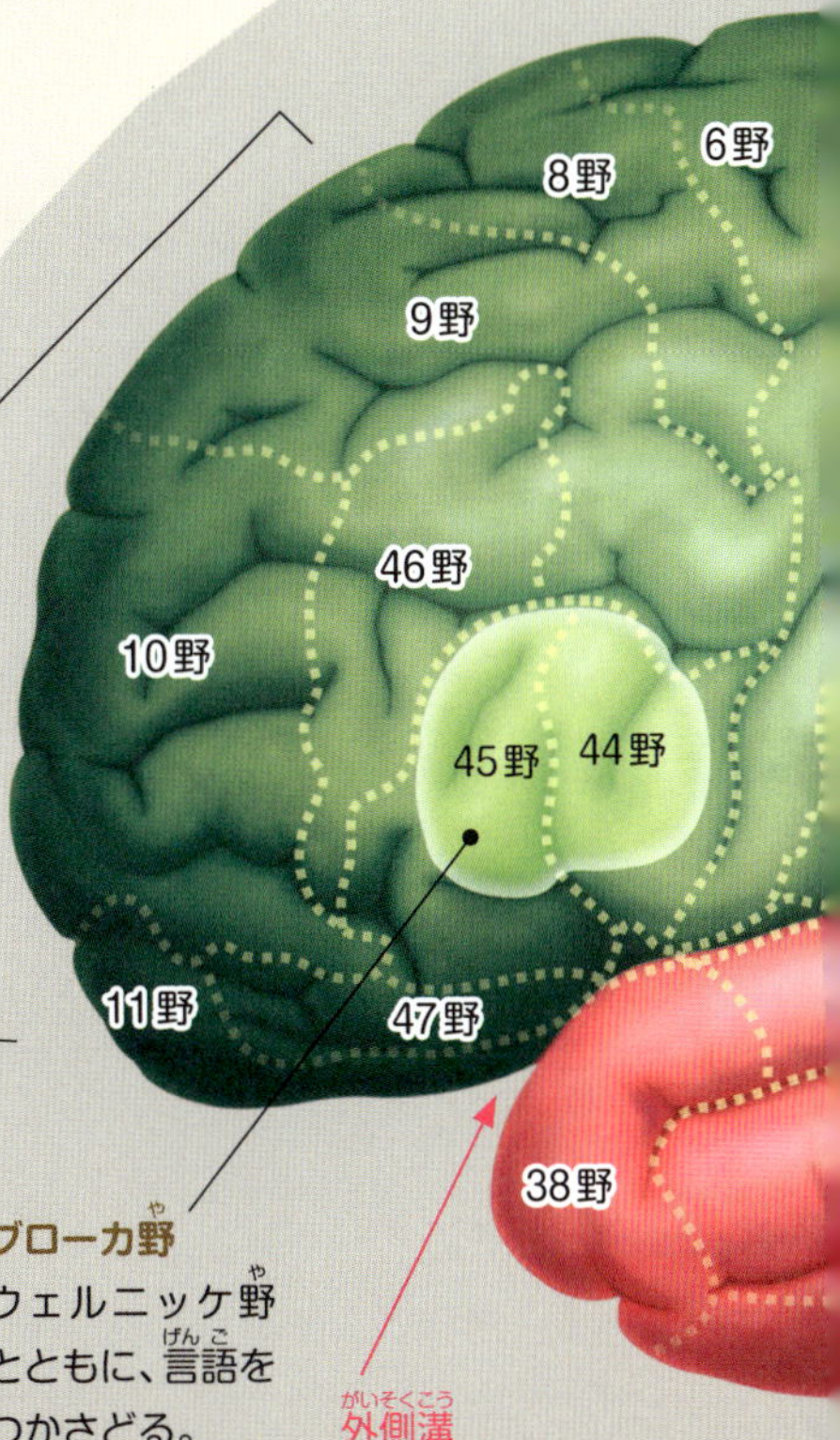

ブローカ野《や》

ウェルニッケ野《や》とともに、言語《げんご》をつかさどる。

外側溝《がいそくこう》

(シルビウス溝《こう》)

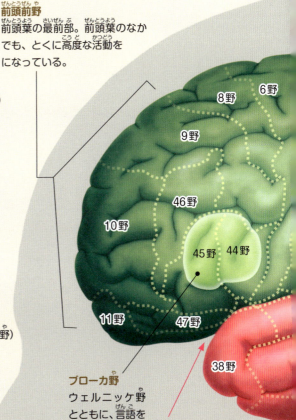

★はじめに★

学校《がっこう》の授業《じゅぎょう》や勉強《べんきょう》は苦手《にがて》だけど、「宇宙《うちゅう》の話《はなし》だったら、何時間《なんじかん》でも聞《き》いていられる」「恐竜《きょうりゅう》の本《ほん》だったら何冊《なんさつ》でも読《よ》めるし、書《か》いてあることをどんどん覚《おぼ》えられる」などという人《ひと》も多《おお》いのではないでしょうか。

「博士《はかせ》ずかん」は、そんなみなさんのための本《ほん》です。基本的《きほんてき》なことだけでなく、大人《おとな》の本《ほん》にのっているような深《ふか》い話題《わだい》についても、たくさんあつかっています。1冊《さつ》読《よ》み切《き》るころには、みなさんの知識《ちしき》は何倍《なんばい》にもふえていることでしょう。

さて、世《よ》の中《なか》の多《おお》くの知識《ちしき》は、

たがいにつながっています。たとえば「地球《ちきゅう》の誕生《たんじょう》」について知《し》りたいと思《おも》い、深《ふか》く調《しら》べていったとしましょう。すると、その途中《とちゅう》には、算数《さんすう》の計算《けいさん》（たし算《ざん》、ひき算《ざん》、かけ算《ざん》、わり算《ざん》、九《く》九《く》など）や、理科《りか》の教科書《きょうかしょ》にのっている光合成《こうごうせい》や磁石《じしゃく》の話《はなし》などが登場《とうじょう》します。

つまり、〝知《し》って・学《まな》んで無駄《むだ》になること〟はないのです。

みなさんもぜひ、いろいろなことに興味《きょうみ》をもち、いろいろな本《ほん》を読《よ》んで（知識《ちしき》にふれて）みてください。それが結果《けっか》として、みなさんが好《す》きなことや得意《とくい》なことをのばすことに、つながるはずですよ。

ニュートン編集部《へんしゅうぶ》

もくじ

1章《しょう》 体《からだ》を動《うご》かすしくみ

2章《しょう》 食《た》べもののゆくえ

3章《しょう》 すごい感《かん》覚《かく》器《き》官《かん》

4章《しょう》 脳《のう》は不《ふ》思《し》議《ぎ》だらけ

5章《しょう》 体《からだ》を守《まも》れ！ 免《めん》疫《えき》システム

キャラ紹《しょう》介《かい》

りんごちゃん
RINGO CHAN

ハカセと仲《なか》がいい、元《げん》気《き》いっぱいのリンゴ。どこかぬけている。

ハカセ
HAKASE

理《り》系《けい》教《きょう》科《か》にくわしい、とても物《もの》知《し》りな博士《はかせ》。あまいものが好《す》き。

わあん
WaaaaN

宇《う》宙《ちゅう》からやってきた宇《う》宙《ちゅう》犬《けん》。ただし、本《ほん》人《にん》はそのことを認《みと》めようとしない。

1章《しょう》

体《からだ》を動《うご》かすしくみ

肺《はい》の中《なか》で活《かつ》やくする“ブドウ”

(→30ページ)

どこがちがう？
スポーツ選手《せんしゅ》の心臓《しんぞう》

(→32ページ)

血管《けっかん》でインドに行《い》ける!?

(→26ページ)

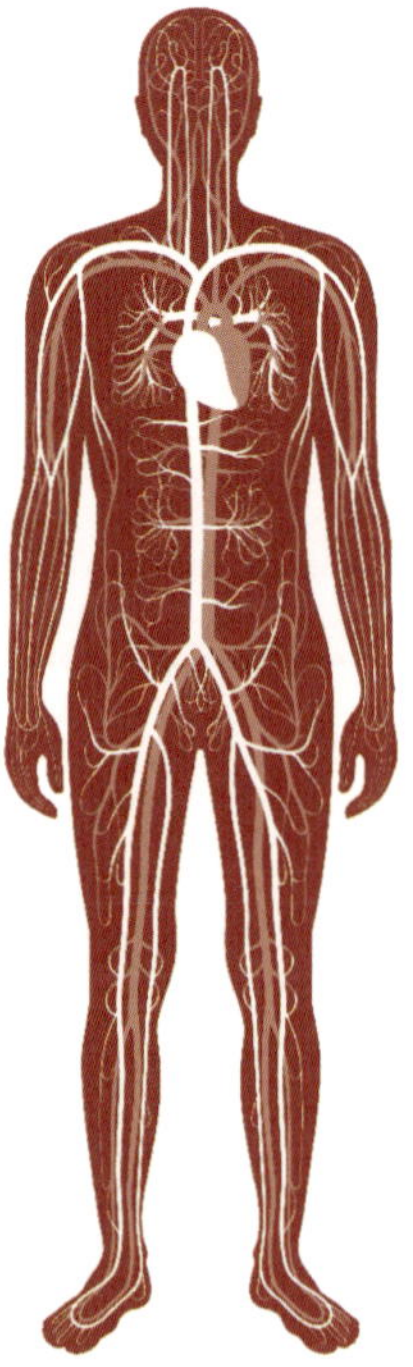

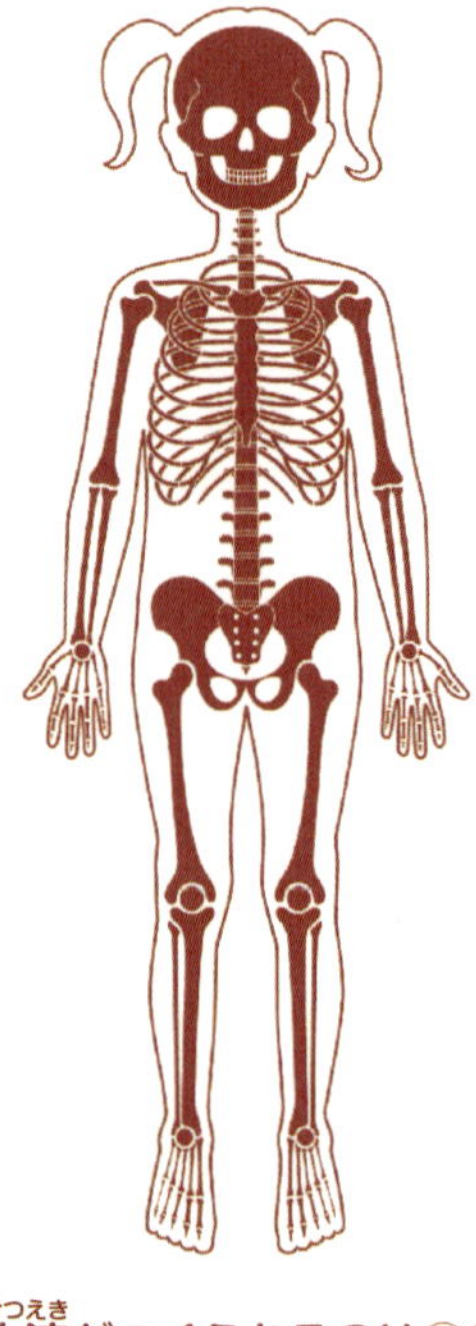

こわい話《はなし》を聞《き》くと
なぜ、すずしくなるの？

(→34ページ)

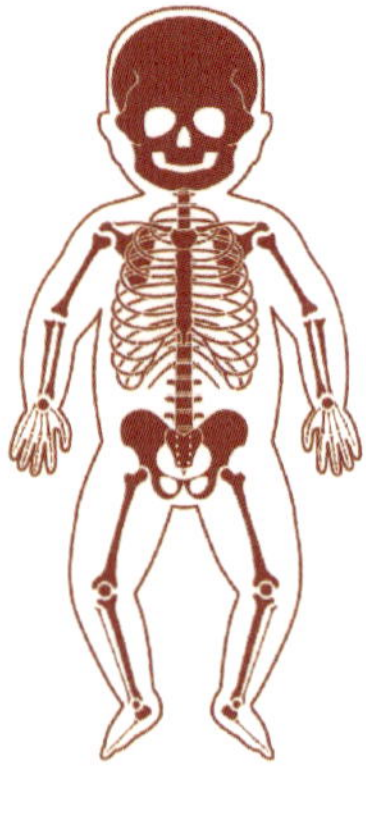

血液《けつえき》がつくられるのは○○

(→28ページ)

人間《にんげん》には約《やく》200個《こ》の骨《ほね》がある！

（→18ページ）

骨《ほね》は１年間《ねんかん》で
約《やく》５分《ぶん》の１が入《い》れかわる

（→20ページ）

白《しろ》い筋肉《きんにく》と赤《あか》い筋肉《きんにく》

（→22ページ）

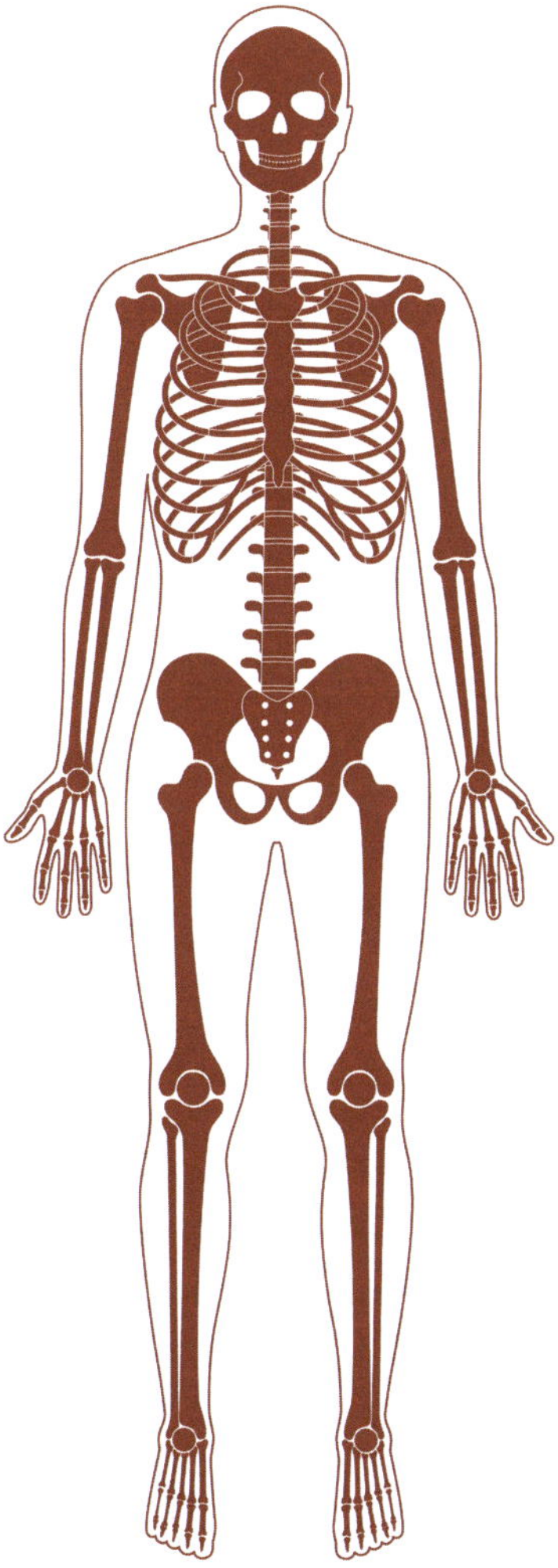

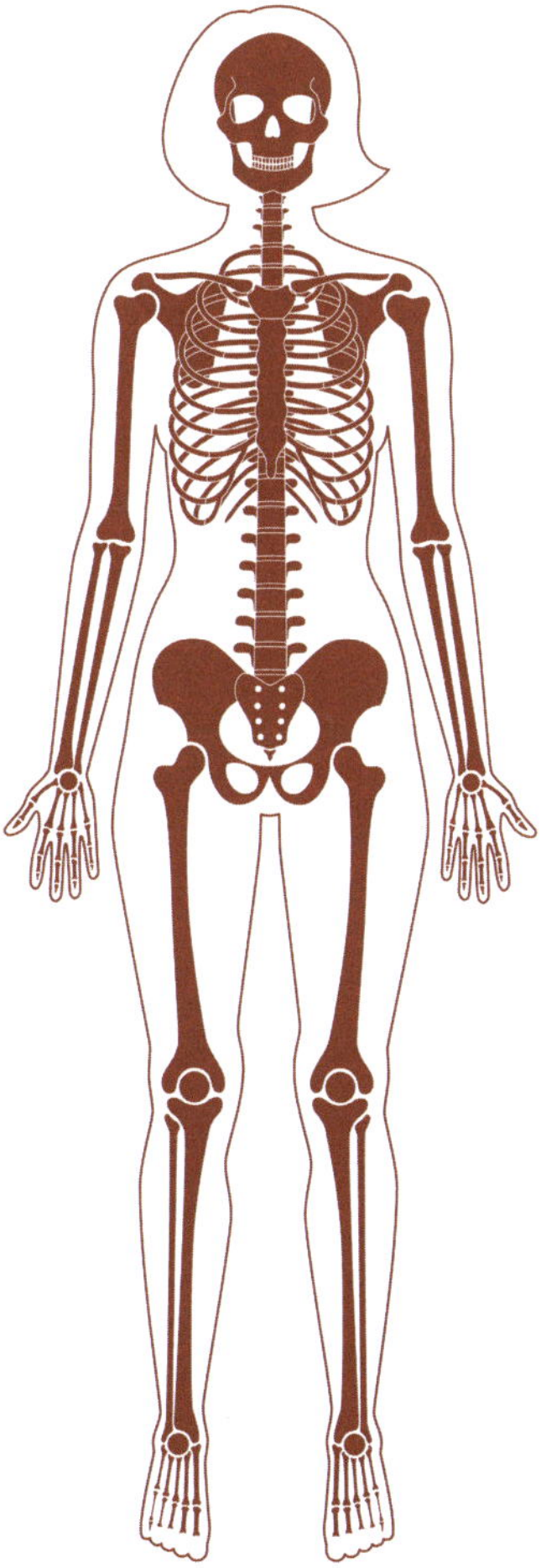

勝《かっ》手《て》に動《うご》くひざ

（→24ページ）

1 人間《にんげん》には… 約《やく》200個《こ》の骨《ほね》がある！

焼《や》き魚《ざかな》やチキンに骨《ほね》があるように、人間《にんげん》にもたくさんの骨《ほね》があります。その数《かず》はなんと、赤《あか》ちゃん（新生児《しんせいじ》）で約《やく》350個《こ》、大人《おとな》で約《やく》200個《こ》にもなります。赤《あか》ちゃんのほうが多《おお》いのは、はなればなれになっていた骨《ほね》が成長《せいちょう》とともにくっついて、ひとつになる場合《ばあい》があるためです。

かたくてじょうぶな骨《ほね》には、さまざまな役割《やくわり》があります。そのひとつが「体《からだ》を支《ささ》えること」、そして「生《い》きていくうえで、とくに重要《じゅうよう》な部分《ぶぶん》（脳《のう》や内臓《ないぞう》、脊髄《せきずい》など）を守《まも》ること」です。

脊髄《せきずい》とは、「脊柱《せきちゅう》」（背骨《せぼね》のこと）の中《なか》を通《とお》って脳《のう》につながる、大切《たいせつ》な神経《しんけい》です。脊髄《せきずい》が傷《きず》つくと、首《くび》や背中《せなか》にはげしい痛《いた》みが出《で》たり、自分《じぶん》の力《ちから》だけでは歩《ある》けなくなったり、呼吸《こきゅう》ができなくなったりします。

ハカセMEMO《メモ》！

人間《にんげん》にも「しっぽ」がある!?

ネコやサルなどと同《おな》じように、ワシら人間《にんげん》も、お母《かあ》さんのおなかの中《なか》にいるときは「しっぽ」をもっているのじゃ。この「しっぽ」は、生《う》まれてくる前《まえ》になくなってしまうが、そのなごりは「尾骨《びこつ》」（尾《び》てい骨《こつ》）として、脊柱《せきちゅう》の先《さき》にくっついているゾ。

人間《にんげん》（大人《おとな》）の骨格《こっかく》

骨《ほね》は体《からだ》を支《ささ》えたり
とくに重要《じゅうよう》な部分《ぶぶん》
（脳《のう》や内臓《ないぞう》、脊髄《せきずい》など）を
守《まも》ったりしている！

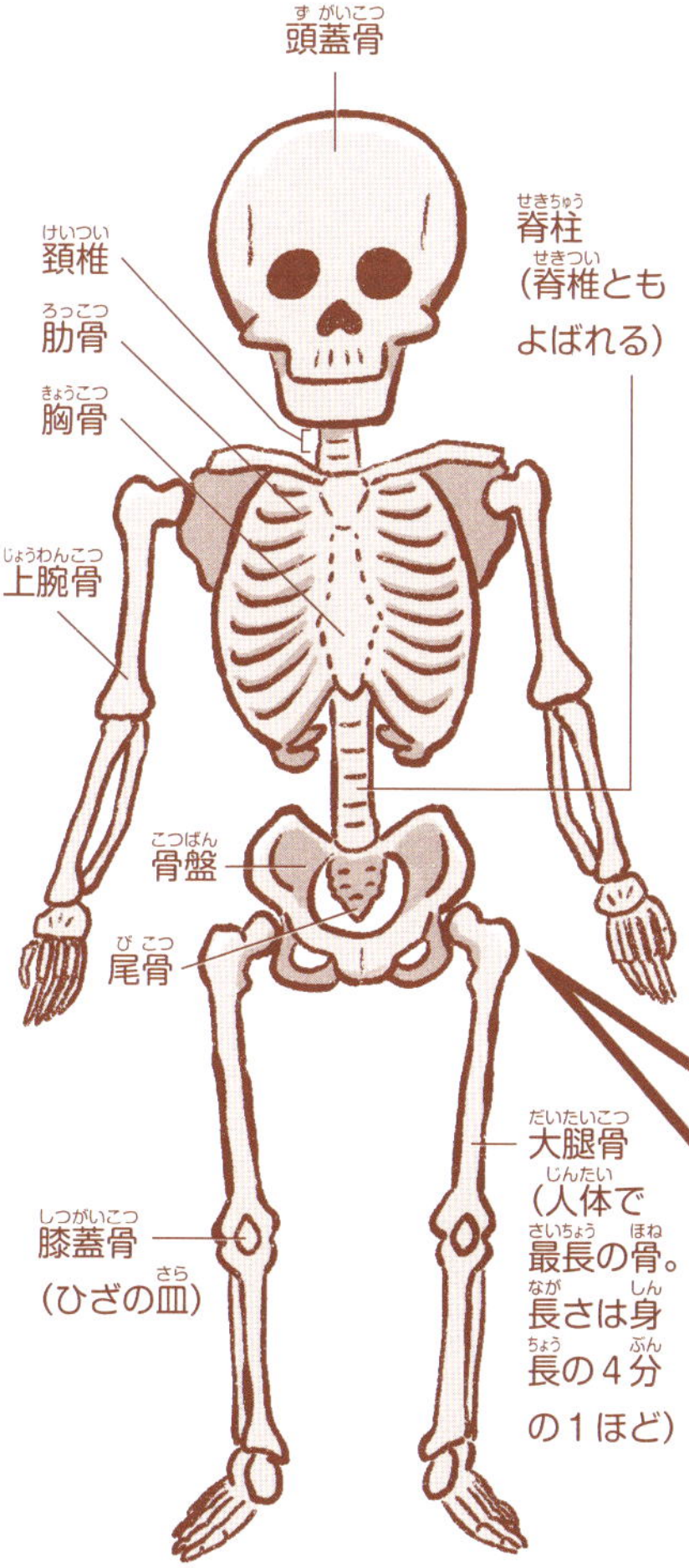
頭蓋骨《ずがいこつ》
頸椎《けいつい》
肋骨《ろっこつ》
胸骨《きょうこつ》
上腕骨《じょうわんこつ》
脊柱《せきちゅう》
（脊椎《せきつい》ともよばれる）
骨盤《こつばん》
尾骨《びこつ》
大腿骨《だいたいこつ》
（人体《じんたい》で最長《さいちょう》の骨《ほね》。長《なが》さは身《しん》長《ちょう》の４分《ぶん》の１ほど）
膝蓋骨《しつがいこつ》
（ひざの皿《さら》）

関節《かんせつ》（↓）
骨《ほね》と骨《ほね》とのつながりのうち、動《うご》かせる部分《ぶぶん》。

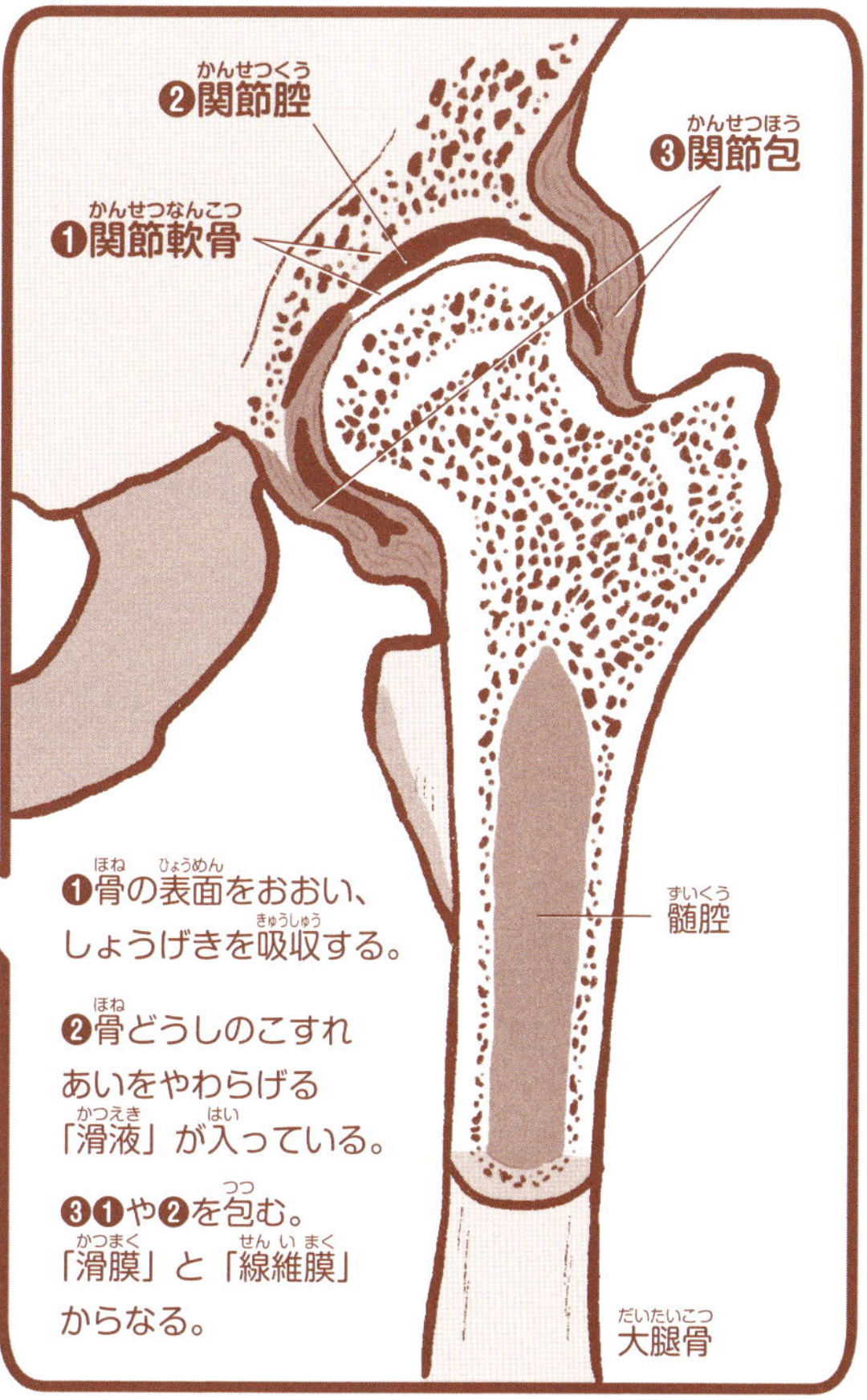
❷関節腔《かんせつくう》
❸関節包《かんせつほう》
❶関節軟骨《かんせつなんこつ》
髄腔《ずいくう》
大腿骨《だいたいこつ》
❶骨《ほね》の表面《ひょうめん》をおおい、しょうげきを吸収《きゅうしゅう》する。
❷骨《ほね》どうしのこすれあいをやわらげる「滑液《かつえき》」が入《はい》っている。
❸❶や❷を包《つつ》む。「滑膜《かつまく》」と「線維膜《せんいまく》」からなる。

なるほど理系脳《りけいのう》クイズ！
骨《ほね》の重《おも》さは、体重《たいじゅう》の約何《やくなん》%《パーセント》をしめる？　①15%《パーセント》　②50%《パーセント》　③75%《パーセント》

②

骨《ほね》は1年間《ねんかん》で…

約《やく》5分《ぶん》の1が入《い》れかわる

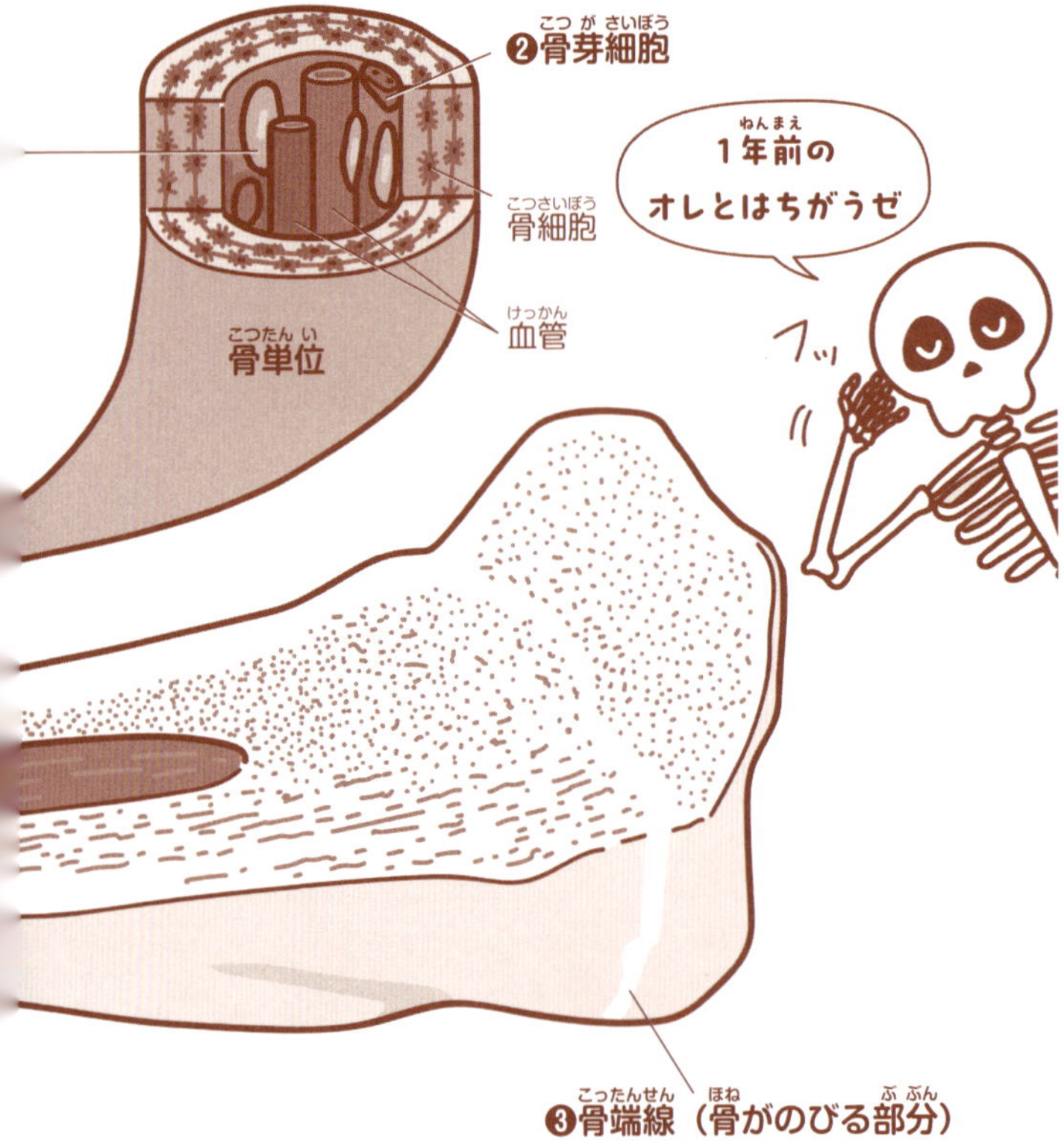

骨《ほね》には、牛乳《ぎゅうにゅう》などに多《おお》くふくまれる「カルシウム」という栄養素《えいようそ》がたくわえられています。

カルシウムは、血液《けつえき》にもわずかにふくまれます。

血液中《けつえきちゅう》のカルシウムが不足《ふそく》すると、「❶破骨細胞《はこつさいぼう》」が骨《ほね》の一部《いちぶ》をとかして、カルシウムをおぎないます。そして、カルシウムが十分《じゅうぶん》な量《りょう》になると、とかされた骨《ほね》は「❷骨芽細胞《こつがさいぼう》」によって、元《もと》どおりに直《なお》され（＝新《あたら》しい骨《ほね》がつくられ）ます。

このしくみにより、若《わか》い人《ひと》では1年間《ねんかん》に、全身《ぜんしん》の骨《ほね》の約《やく》5分《ぶん》の1が入《い》れかわります。

クイズの答《こた》え：P19➡①

骨《ほね》をのばすための変化《へんか》

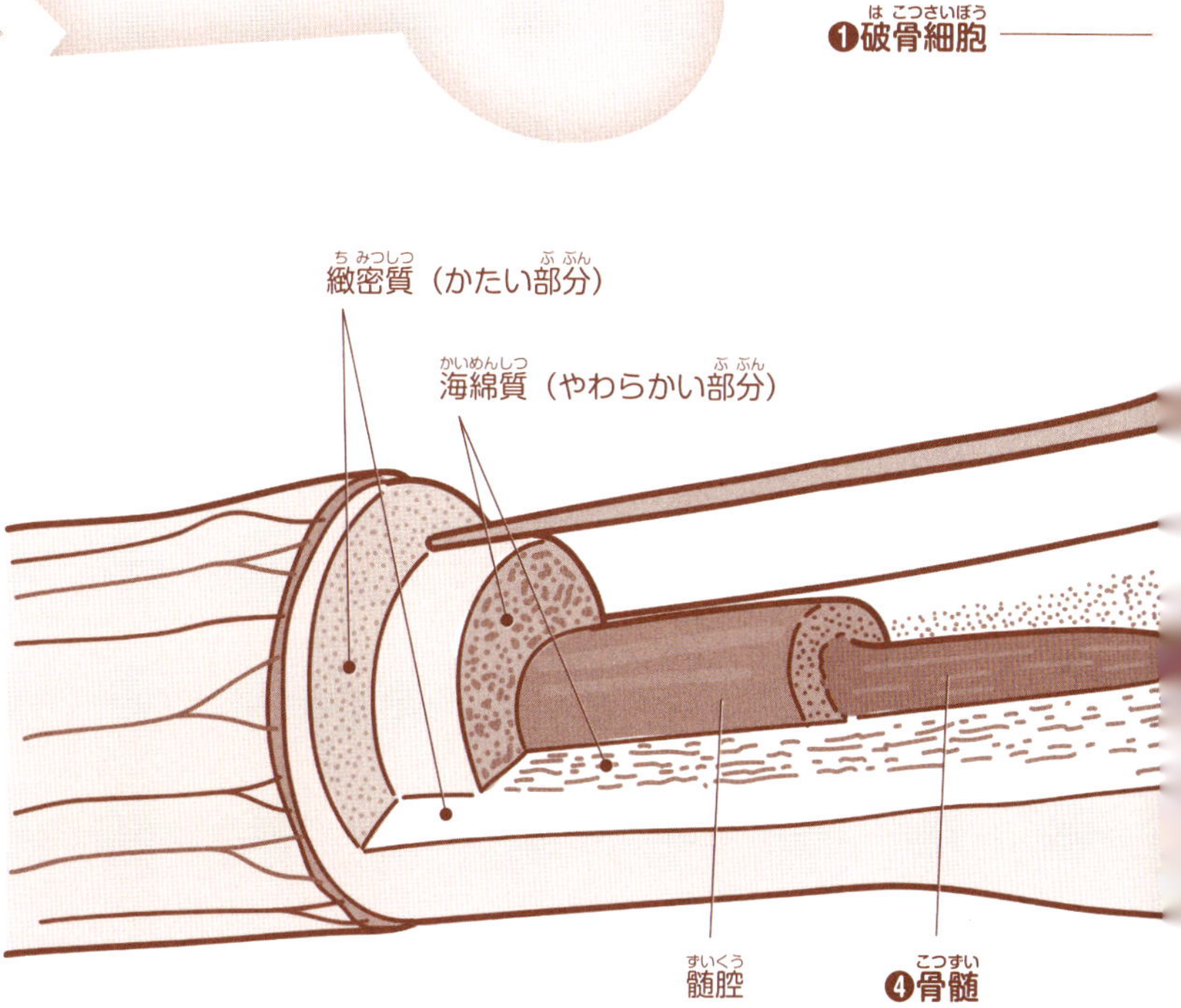
❶破骨細胞《はこつさいぼう》
緻密質《ちみつしつ》（かたい部分《ぶぶん》）
海綿質《かいめんしつ》（やわらかい部分《ぶぶん》）
髄腔《ずいくう》
❹骨髄《こつずい》

ハカセMEMO《メモ》！

骨《ほね》の役割《やくわり》

骨《ほね》には、18ページに登場《とうじょう》した2つの役割《やくわり》のほかに、「カルシウムをたくわえる」「血液《けつえき》をつくる」などの役割《やくわり》もあるのじゃ。ちなみに血液《けつえき》は、髄腔《ずいくう》の中《なか》にある「❹骨髄《こつずい》」という場所《ばしょ》でつくられているゾ（上《うえ》のイラスト）。

また、私《わたし》たちは背《せ》がのびますが、これには、骨《ほね》のはしにある「❸骨《こっ》端《たん》線《せん》」がかかわっています。骨端《こったん》線《せん》は、もともとやわらかい「軟骨《なんこつ》」でできています。この軟骨《なんこつ》がふえ、つぎつぎかたい骨《ほね》にかわることで、骨《ほね》の長《なが》さが増《ま》します。

なるほど理系脳《りけいのう》クイズ！

体内《たいない》にあるカルシウムの約《やく》99%《パーセント》は、骨《ほね》やどこにある？　①つめ　②歯《は》　③髪《かみ》の毛《け》

3

特徴《とくちょう》のことなる白《しろ》い筋肉《きんにく》と赤《あか》い筋肉《きんにく》

骨《ほね》にくっついて、「歩《ある》く」「ものを持《も》ち上《あ》げる」などといった体《からだ》の動《うご》きをつくるのが「筋肉《きんにく》」です。筋肉《きんにく》は、「❶腱《けん》」という組織《そしき》で、骨《ほね》とつながっています。また、筋《きん》肉《にく》は「❷筋束《きんそく》」が集《あつ》まってできています。筋束《きんそく》とは、「❸筋線維《きんせんい》」という細長《ほそなが》い細胞《さいぼう》が、束《たば》のように集《あつ》まったものです。

また、筋線維《きんせんい》は「速筋線維《そっきんせんい》」と「遅筋線維《ちきんせんい》」に大《おお》きく分《わ》けることができます。

速筋線維《そっきんせんい》は〝白《しろ》い筋肉《きんにく》〟ともよばれ、瞬発力《しゅんぱつりょく》を生《う》みだします。たとえば重量《じゅうりょう》あげの選手《せんしゅ》などは、白《しろ》い筋肉《きんにく》の割合《わりあい》が高《たか》いといわれています。

一方《いっぽう》、遅筋線維《ちきんせんい》は〝赤《あか》い筋肉《きんにく》〟ともよばれ、持久力《じきゅうりょく》を生《う》みだします。マラソン選手《せんしゅ》などは、赤《あか》い筋《きん》肉《にく》の割合《わりあい》が高《たか》いといわれています。

ハカセMEMO《メモ》!

太《ふと》い腕《うで》や太《ふと》もものヒミツ

多《おお》くのスポーツ選手《せんしゅ》は、ふつうの人《ひと》にくらべて太《ふと》い腕《うで》や太《ふと》ももをもっているのォ。これは、トレーニングを積《つ》み重《かさ》ねたことで、ふつうの人《ひと》より「❸筋線維《きんせんい》」が太《ふと》くなったためじゃ。

“白《しろ》い筋肉《きんにく》”と“赤《あか》い筋肉《きんにく》”

なるほど理系脳《りけいのう》クイズ！

筋肉《きんにく》は、主《おも》に何《なん》という栄養素《えいようそ》でできている？　①ビタミン　②カルシウム　③タンパク質《しつ》

4 どうなっているの!?

勝《か》手《て》に動《うご》くひざ

イスに深《ふか》くこしかけ、足《あし》の裏《うら》が地面《じめん》につかない状態《じょうたい》でひざの皿《さら》の下《した》を軽《かる》くたたくと、私《わたし》たちの意志《いし》とは無関係《むかんけい》にひざ（腱《けん》）がのびて、足《あし》がはね上《あ》がります。このような不思議《ふしぎ》なしくみを「反射《はんしゃ》」といいます。

ふつう、私《わたし》たちが足《あし》で感《かん》じ取《と》ったしげき（情報《じょうほう》）は、足《あし》から脊髄《せきずい》を通《とお》って脳《のう》に伝《つた》えられます。そして、脳《のう》から「右《みぎ》に動《うご》かせ！」などといった指令《しれい》が出《だ》されると、その指令《しれい》はふたたび脊髄《せきずい》を通《とお》り、足《あし》に伝《つた》えられます…❶。

これに対《たい》し反射《はんしゃ》では、足《あし》で感《かん》じ取《と》ったしげき（情報《じょうほう》）が脊髄《せきずい》に伝《つた》わると、脊髄《せきずい》が指令《しれい》を出《だ》し、それが足《あし》に伝《つた》えられます…❷。

なお、「熱《あつ》いものにふれて手《て》を引《ひ》っこめる」「目《め》の前《まえ》にボールが飛《と》んできたときに目《め》をつぶる」など、危険《きけん》からとっさに身《み》を守《まも》るときにおこるのも反射《はんしゃ》です。

ハカセMEMO《メモ》!

神経《しんけい》

体中《からだじゅう》にはりめぐらされている神経《しんけい》のうち、脊髄《せきずい》と脳《のう》を「中枢神経《ちゅうすうしんけい》」、脊髄《せきずい》から左右《さゆう》に枝分《えだわ》かれしている神経《しんけい》（運動神経《うんどうしんけい》、感覚神経《かんかくしんけい》、自律《じりつ》神経《しんけい》）を「末梢神経《まっしょうしんけい》」というゾ。

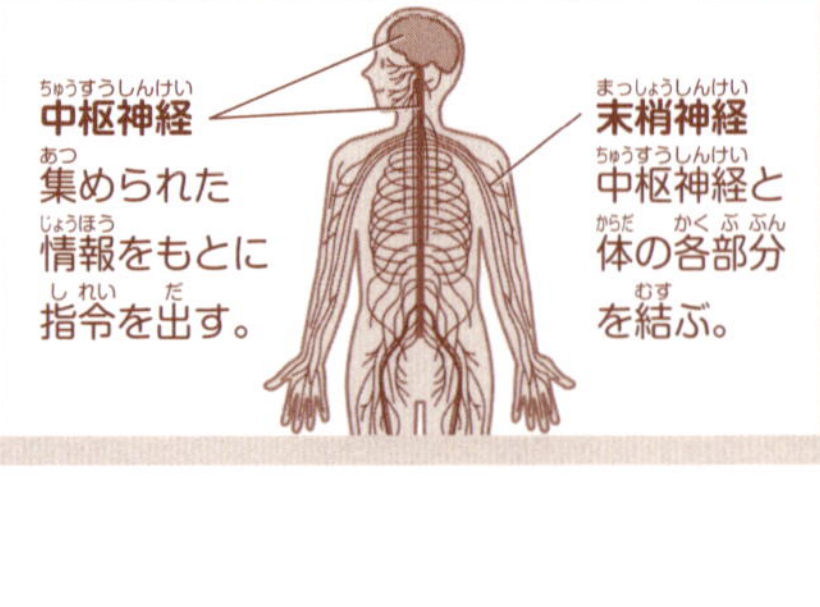
中枢神経《ちゅうすうしんけい》
集《あつ》められた情報《じょうほう》をもとに指令《しれい》を出《だ》す。
末梢神経《まっしょうしんけい》
中枢神経《ちゅうすうしんけい》と体《からだ》の各部分《かくぶぶん》を結《むす》ぶ。

クイズの答《こた》え：P23➡③

「反射《はんしゃ》」のしくみ

ひざの下《した》を軽《かる》くたたくと…

ひざがのびて
足《あし》がはね上《あ》がる！（＝反射《はんしゃ》）

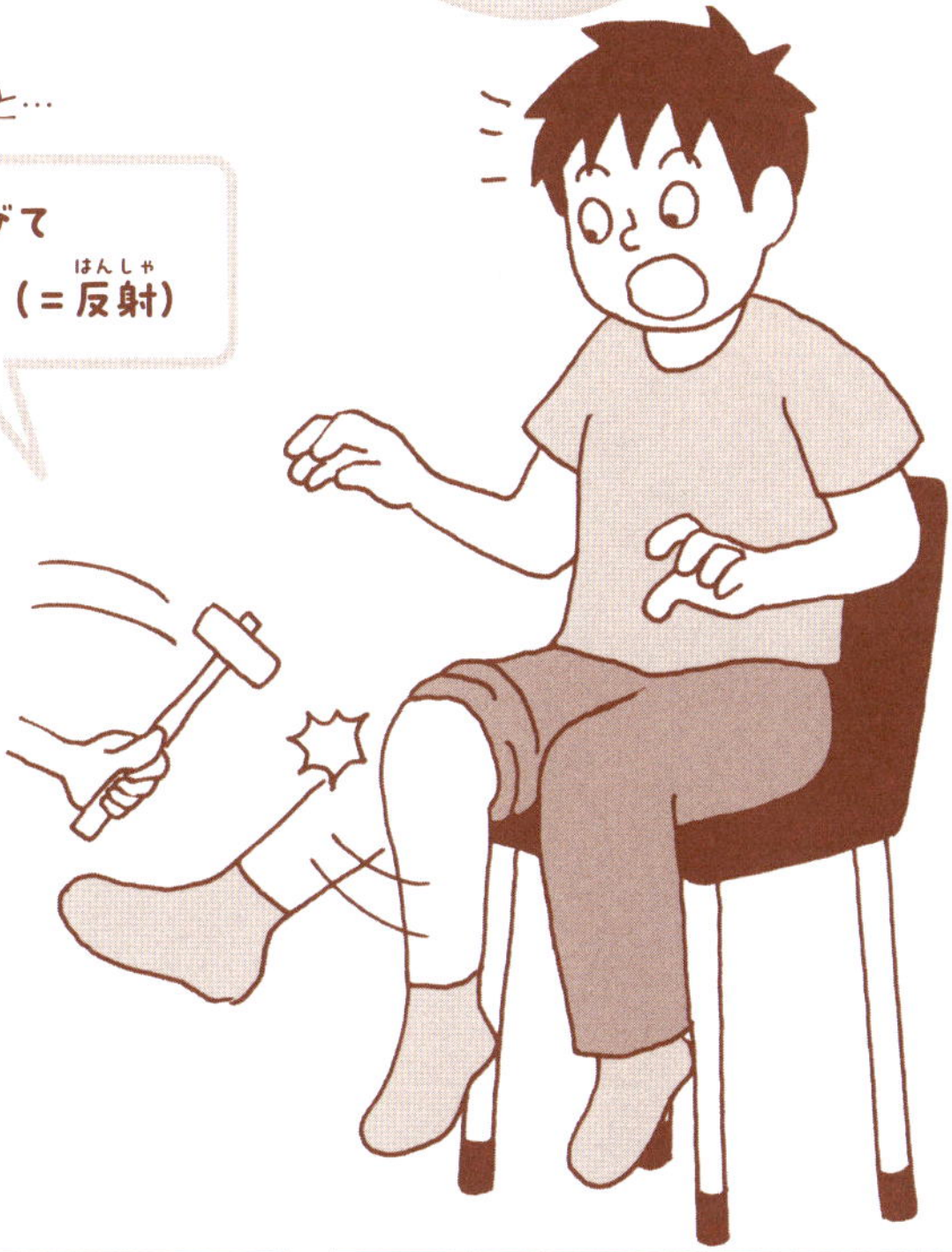

反射《はんしゃ》では、脊髄《せきずい》が指令《しれい》を出《だ》している（↓）。

❶ふだん

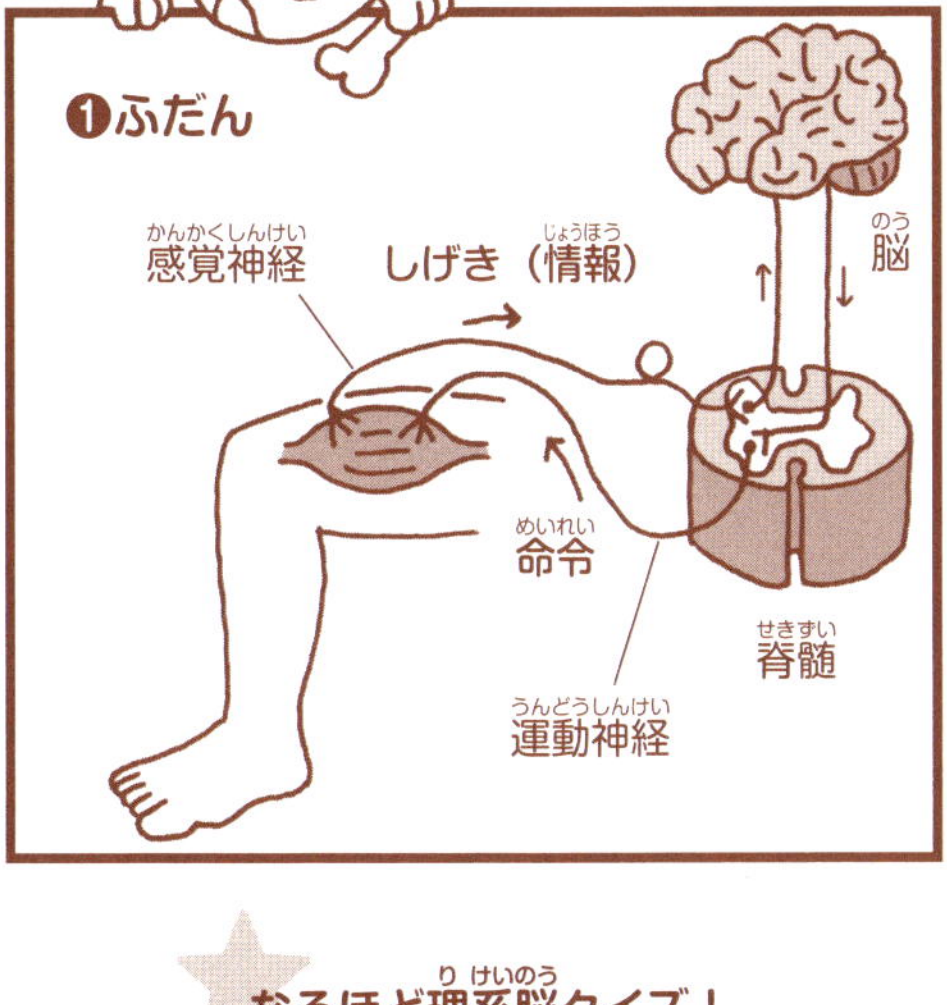

❷反射《はんしゃ》がおこるとき

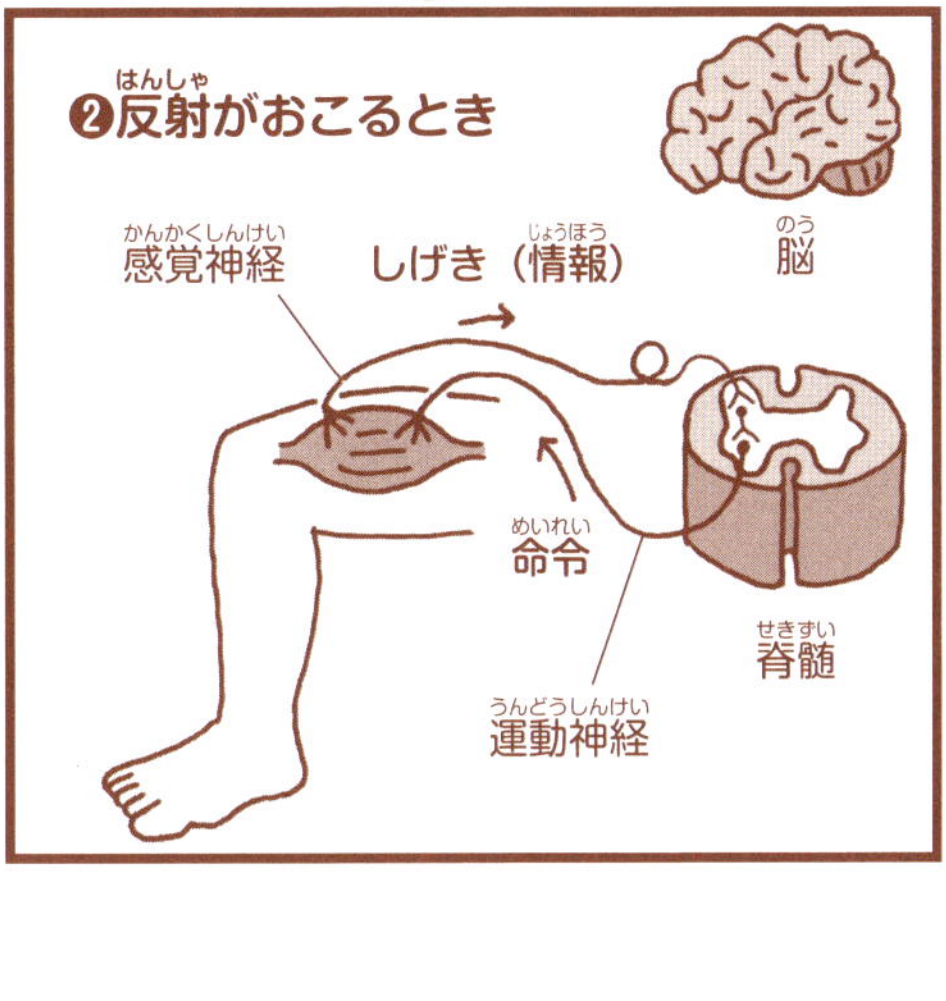

なるほど理系脳《りけいのう》クイズ！

神経《しんけい》をつくる細胞《さいぼう》は、何《なん》とよばれることがある？　①マカロン　②ニューロン　③コントラバス

5

長《なが》〜い！ 血管《けっかん》でインドに行《い》ける!?

全身《ぜんしん》に張《は》りめぐらされた血管《けっかん》をすべてつなぎ合《あ》わせると、なんと約《やく》6000キロメートルにもなります。これは、日本《にっぽん》（東京《とうきょう》）からインド（デリー）までの飛行《ひこう》きょりと、ほぼ同《おな》じです。

血管《けっかん》は、血液《けつえき》の通《とお》り道《みち》です。肺《はい》で酸素《さんそ》を受《う》け取《と》った血液《けつえき》は、心臓《しんぞう》から全身《ぜんしん》のすみずみに送《おく》りだされます。そして、ふたたび心臓《しんぞう》にもどり、来《き》たときとはちがう血管《けっかん》で肺《はい》へと向《む》かいます。

心臓《しんぞう》から送《おく》りだされた血液《けつえき》が流《なが》れる血管《けっかん》を「動脈《どうみゃく》」といいます…❶。動脈《どうみゃく》は体《からだ》のはしに近《ちか》づくにつれて、枝分《えだわ》かれしながらとても細《ほそ》くなっていきます。このとても細《ほそ》い血管《けっかん》は「毛細血管《もうさいけっかん》」とよばれます…❷。

枝分《えだわ》かれした毛細血管《もうさいけっかん》はふたたびまとまり、より太《ふと》い血管《けっかん》につながります。この血管《けっかん》（全身《ぜんしん》から心《しん》臓《ぞう》へもどる血液《けつえき》が流《なが》れる血管《けっかん》）を「静脈《じょうみゃく》」といいます…❸。

ハカセMEMO《メモ》!

おふろ上《あ》がりの顔《かお》は、なぜ赤《あか》い

おふろ上《あ》がりに顔《かお》が赤《あか》くなるのは、体《からだ》があたたまったことによって、顔《かお》の表面《ひょうめん》にある毛細《もうさい》血管《けっかん》のはばが広《ひろ》がり、より多《おお》くの血液《けつえき》が流《なが》れるようになるためじゃ（大量《たいりょう》の血液《けつえき》の色《いろ》がすけて見《み》える）。

全身《ぜんしん》の主《おも》な血管《けっかん》と臓器《ぞうき》

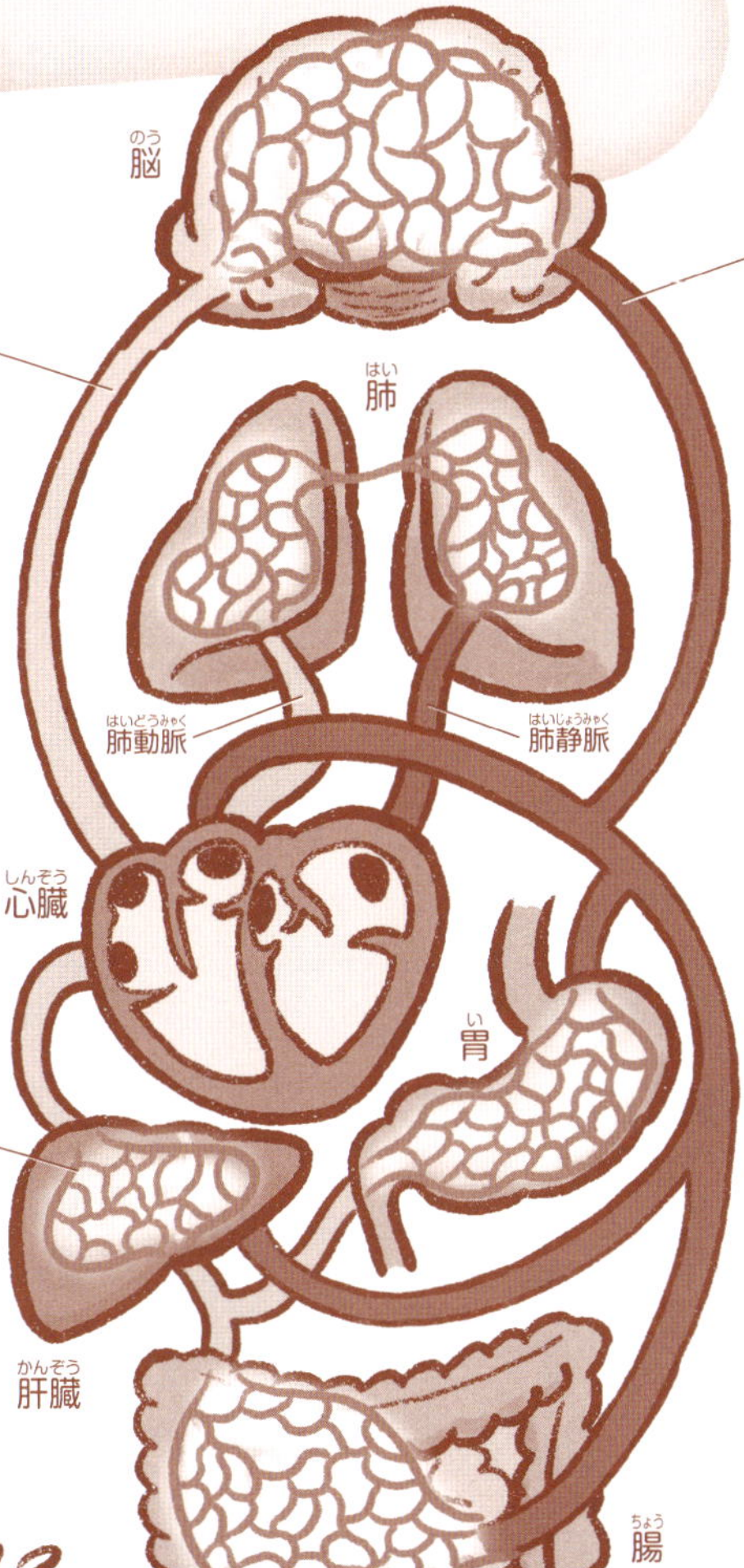
脳《のう》
肺《はい》
肺動脈《はいどうみゃく》
肺静脈《はいじょうみゃく》
心臓《しんぞう》
胃《い》
肝臓《かんぞう》
腸《ちょう》

❸静脈《じょうみゃく》

血液《けつえき》の逆流《ぎゃくりゅう》をふせぐための「弁《べん》」が、ところどころについている。

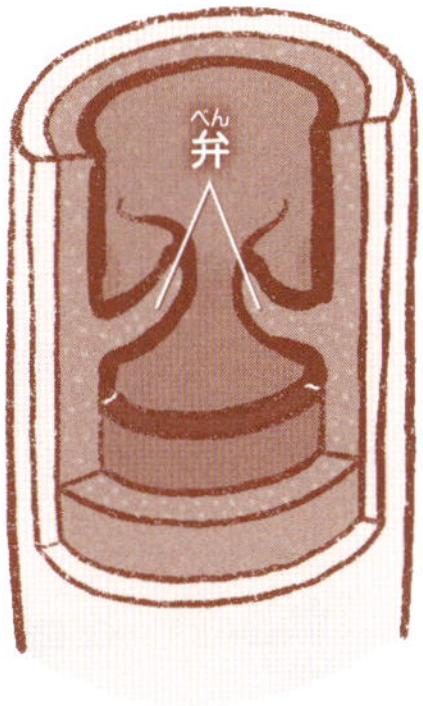
弁《べん》

❶動脈《どうみゃく》

心臓《しんぞう》からおしだされた血液《けつえき》が通《とお》るので（血管《けっかん》に大《おお》きな力《ちから》がかかる）、じょうぶでしなやかなつくりをしている。

❷毛細血管《もうさいけっかん》

体《からだ》のすみずみにまで張《は》りめぐらされている、非常《ひじょう》に細《ほそ》い血管《けっかん》。動脈《どうみゃく》と静脈《じょうみゃく》をつないでいる。

※血管《けっかん》の位置《いち》はイメージ。また、全身《ぜんしん》には、これら以《い》外《がい》の血管《けっかん》もある。

すべての血管《けっかん》をつなぐと
日本《にっぽん》からインドに
届《とど》くほどの長《なが》さになる！

なるほど理系脳《りけいのう》クイズ！

全身《ぜんしん》の血管《けっかん》と、ほぼ同《おな》じ長《なが》さのものは？　①地球《ちきゅう》の半径《はんけい》　②地球《ちきゅう》から月《つき》までのきょり

6

えっ…!? 血液《けつえき》がつくられるのは○○

体内《たいない》を流《なが》れる血液《けつえき》の量《りょう》は、体重《たいじゅう》の8%《パーセント》ほどです（例《れい》：体重《たいじゅう》が35キログラムの人《ひと》であれば、約《やく》2.8リットル）。このうち25%《パーセント》（体重《たいじゅう》が35キログラムの人《ひと》であれば、約《やく》700ミリリットル）の血液《けつえき》が失《うしな》われると、命《いのち》にかかわるといわれています。

では、ここでクイズです。血液《けつえき》は、体《からだ》のどの部分《ぶぶん》でつくられているでしょうか。…答《こた》えは〝骨《ほね》の中《ちゅう》心部《しんぶ》〟です。

骨《ほね》の中心部《ちゅうしんぶ》には、骨髄《こつずい》というやわらかい組織《そしき》があります（↓21ページ）。骨髄《こつずい》には〝血液《けつえき》の赤《あか》ちゃん〟である「造血幹細胞《ぞうけつかんさいぼう》」がたくさん存在《そんざい》します。これが成長《せいちょう》すると、「赤血球《せっけっきゅう》」や「白血球《はっけっきゅう》」「血小板《けっしょうばん》」といった血液細胞《けつえきさいぼう》（血球《けっきゅう》）になります。

なお、古《ふる》くなった赤血球《せっけっきゅう》は「脾《ひ》臓《ぞう》」（↓6ページ）ではかいされます。これにより、赤血球《せっけっきゅう》は約《やく》120日《にち》ですべてが入《い》れかわります。

ハカセMEMO《メモ》!

骨髄《こつずい》ドナー

血液《けつえき》の病気《びょうき》になると、骨髄《こつずい》で正《ただ》しい血《けつ》液《えき》がつくれなくなることがある。このような場合《ばあい》、「正《ただ》しい血液《けつえき》をつくることができる人《ひと》」の造血幹細胞《ぞうけつかんさいぼう》を移植《いしょく》するちりょうが行《おこな》われるのじゃ。「正《ただ》しい血液《けつえき》をつくることができる造血幹細《ぞうけつかんさい》胞《ぼう》」を分《わ》けてくれる人《ひと》は、「骨髄《こつずい》ドナー」とよばれるゾ。

※参考《さんこう》：日本骨髄《にほんこつずい》バンクウェブサイト（https://www.jmdp.or.jp）

クイズの答《こた》え：P27➡①（赤道半径《せきどうはんけい》：6378キロメートル）

血液《けつえき》を構成《こうせい》する成分《せいぶん》

血《けっ》しょう

ほとんどが水《みず》。さまざまな栄養素《えいようそ》や、体《からだ》のさまざまな機能《きのう》を調節《ちょうせつ》する「ホルモン」（→102ページ）の一部《いちぶ》もふくまれる。

血小板《けっしょうばん》

ケガなどで血管《けっかん》のかべが破《やぶ》れて出血《しゅっけつ》すると、傷口《きずぐち》に集《あつ》まり、「フィブリン」という物質《ぶっしつ》とともに出血《しゅっけつ》を止《と》める。

赤血球《せっけっきゅう》

有形成分《ゆうけいせいぶん》のほぼすべてをしめる。赤色《あかいろ》で、焼《や》く前《まえ》のハンバーグのように、真《ま》ん中《なか》がへこんだ形《かたち》をしている。

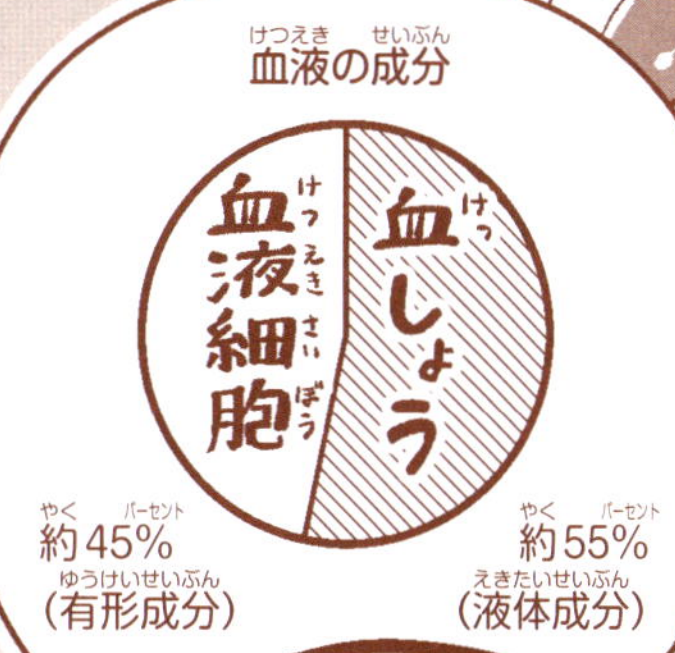
血液《けつえき》の成分《せいぶん》
血液《けつえき》細胞《さいぼう》
血《けっ》しょう
約《やく》45%《パーセント》
（有形成分《ゆうけいせいぶん》）
約《やく》55%《パーセント》
（液体成分《えきたいせいぶん》）

白血球《はっけっきゅう》

さまざまな種類《しゅるい》があり、大部分《だいぶぶん》は血管以外《けっかんいがい》の場所《ばしょ》にある（5章《しょう》でくわしくお話《はな》しします）。

なるほど理系脳《りけいのう》クイズ！

赤血球《せっけっきゅう》の直径《ちょっけい》は、約何《やくなん》ミリメートル？　①10　②0.2　③0.007～0.008

7 びっくり！ 肺《はい》の中《なか》で活《かつ》やくする〝ブドウ〟

私《わたし》たちの体《からだ》は、約《やく》200種類《しゅるい》、60兆個《ちょうこ》ほどの細胞《さいぼう》でできています。細胞《さいぼう》が生《い》きるために必要《ひつよう》な「酸《さん》素《そ》」や栄養素《えいようそ》を届《とど》けたり、不要《ふよう》になった「二酸化炭素《にさんかたんそ》」やゴミ（老《ろう》廃物《はいぶつ》）を回収《かいしゅう》したりするのが、血《けつ》液《えき》の役割《やくわり》です。

このような血液《けつえき》の役割《やくわり》と関係《かんけい》が深《ふか》いのが「肺《はい》」です。

私《わたし》たちが息《いき》を吸《す》うと、鼻《はな》や口《くち》から吸《す》いこまれた空気《くうき》は、気管《きかん》や気《き》管支《かんし》を通《とお》って、肺《はい》のおくに入《はい》ります。

肺《はい》のおく（気管支《きかんし》の先《さき》）には、「肺胞《はいほう》」とよばれる、ブドウのふさのような形《かたち》をしたものがたくさんついています。肺胞《はいほう》では、空気《くうき》にふくまれる酸素《さんそ》が血液中《けつえきちゅう》（赤血球《せっけっきゅう》）に取《と》りこまれます…❶。

それと同時《どうじ》に、血液《けつえき》にふくまれる二酸化炭素《にさんかたんそ》が、空気中《くうきちゅう》に放出《ほうしゅつ》されます…❷。この二酸化炭素《にさんかたんそ》を多《おお》くふくむ空気《くうき》を、私《わたし》たちは鼻《はな》や口《くち》からはきだしています。

ハカセMEMO《メモ》！

動脈血《どうみゃくけつ》と静脈血《じょうみゃくけつ》

・**動脈血《どうみゃくけつ》**…明《あか》るい赤色《あかいろ》をした血液《けつえき》で、酸素《さんそ》を多《おお》くふくむ。動脈《どうみゃく》や肺静脈《はいじょうみゃく》※を流《なが》れる。

・**静脈血《じょうみゃくけつ》**…暗《くら》いむらさき色《いろ》をした血液《けつえき》で、二酸化炭素《にさんかたんそ》を多《おお》くふくむ。静脈《じょうみゃく》や肺動脈《はいどうみゃく》※を流《なが》れる。

※肺静脈《はいじょうみゃく》は、肺《はい》から心臓《しんぞう》に向《む》かう血管《けっかん》。肺動脈《はいどうみゃく》は、心臓《しんぞう》から肺《はい》に向《む》かう血管《けっかん》。

細胞《さいぼう》への酸素《さんそ》や栄養素《えいようそ》の受《う》けわたし、細胞《さいぼう》からの二酸化炭素《にさんかたんそ》やゴミの回収《かいしゅう》は、毛細血管《もうさいけっかん》（→26ページ）を介《かい》して行《おこな》われるゾ！

クイズの答《こた》え：P29➡③（厚《あつ》さは約《やく》0.002ミリメートル）

肺《はい》の“ブドウ”を見《み》てみよう

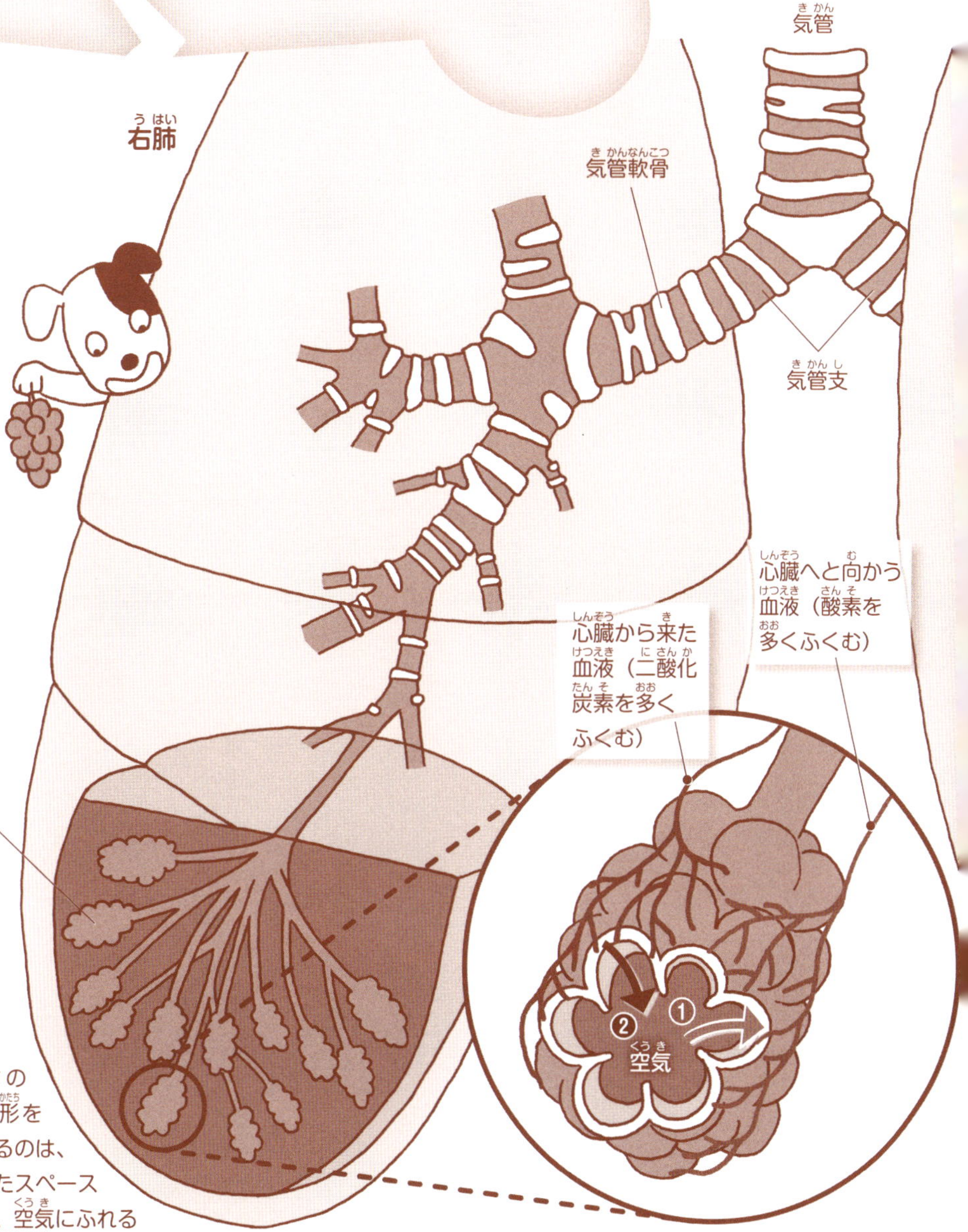

肺胞《はいほう》がブドウのふさのような形《かたち》をしているのは、限《かぎ》られたスペースの中《なか》で、空気《くうき》にふれる部分《ぶぶん》を最大限《さいだいげん》にふやすため。

なるほど理系脳《りけいのう》クイズ！

肺胞《はいほう》（ブドウのつぶ）の直径《ちょっけい》は、約何《やくなん》ミリメートル？　①0.2　②10　③250

８

どこがちがう？ スポーツ選手《せんしゅ》の心臓《しんぞう》

心臓《しんぞう》は、全身《ぜんしん》に血液《けつえき》を送《おく》りだすポンプのようなはたらきをしています。

私《わたし》たちが運動《うんどう》をすると、心臓《しんぞう》がはげしく拍動《はくどう》※します。これは、心《しん》臓《ぞう》がふだんより多《おお》くの血液《けつえき》を送《おく》りだすためです。その量《りょう》は、最大《さいだい》でふだんの7倍《ばい》にもなるというのですから、おどろきですね。

さて、トレーニングを積《つ》んだスポーツ選手《せんしゅ》のなかには、かべが厚《あつ》くなった（より筋肉《きんにく》が発達《はったつ》した）心臓《しんぞう》をもつ人《ひと》もいます。

このような「スポーツ心臓《しんぞう》」は、1回《かい》の拍動《はくどう》で、より多《おお》くの血液《けつえき》を送《おく》りだすことができます。これにより、スポーツ心臓《しんぞう》をもつ選手《せんしゅ》は一般《いっぱん》の人《ひと》よりも拍動《はくどう》の回数《かいすう》が少《すく》なくなります。

スポーツ心臓《しんぞう》は、健康《けんこう》に問題《もんだい》のない状態《じょうたい》です。スポーツをやめると、スポーツ心臓《しんぞう》はしだいに元《もと》にもどります。

※心臓《しんぞう》が「ドクン」と動《うご》くこと（一定《いってい》のリズムで、ちぢんだり大《おお》きくなったりすること）。

ハカセMEMO《メモ》!

スポーツ選手《せんしゅ》の心拍数《しんぱくすう》

ワシらのふだんの心拍数《しんぱくすう》（心臓《しんぞう》が1分《ぷん》間《かん》に拍動《はくどう》する回数《かいすう》）は、60～80回《かい》ほどじゃ。これに対《たい》し、スポーツ心臓《しんぞう》をもつ選手《せんしゅ》のそれは、40回《かい》に満《み》たない場《ば》合《あい》もあるゾ。

心拍数《しんぱくすう》は、動物《どうぶつ》によってちがう

体《からだ》の大《おお》きなアフリカゾウの心拍数《しんぱくすう》は、30回《かい》ほどじゃ。これに対《たい》し、体《からだ》の小《ちい》さなハツカネズミのそれは、450～550回《かい》ほどじゃ※。

※参考《さんこう》：日本心臓財団《にほんしんぞうざいだん》ウェブサイト（https://www.jhf.or.jp）

正面《しょうめん》から見《み》た心臓《しんぞう》（断面《だんめん》）

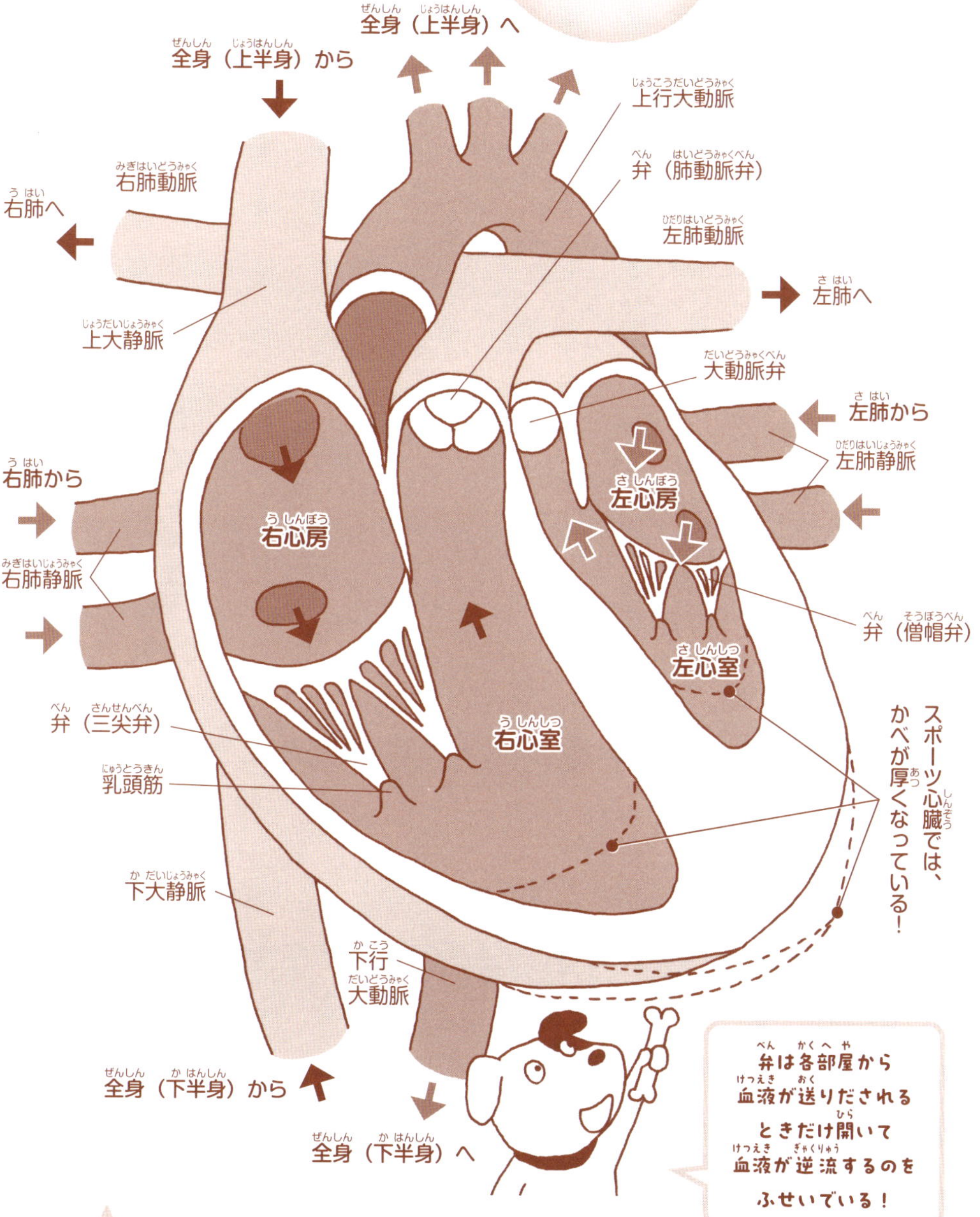

なるほど理系脳《りけいのう》クイズ！

ウサギの心拍数《しんぱくすう》は、約何回《やくなんかい》？　①10～20　②150～280　③1200～1500

9

こわい話《はなし》を聞《き》くと…
なぜ、すずしくなるの？

夏休《なつやす》みになると、友達《ともだち》と怪談話《かいだんばなし》（こわい話《はなし》）や、きもだめしをするという人《ひと》もいるでしょう。そのようなとき、私《わたし》たちは「ヒヤリ」と感《かん》じることがあります。いったいなぜなのでしょうか。

きんちょうや不安《ふあん》を感《かん》じたり、身《み》に危険《きけん》がせまったりすると、私《わたし》たちの体《からだ》には「血管《けっかん》がちぢむ」「心《しん》拍数《ぱくすう》が上《あ》がる」「黒目《くろめ》（瞳孔《どうこう》）が大《おお》きくなる」など、さまざまな変化《へんか》がおきます。

血管《けっかん》がちぢむとき、体中《からだじゅう》の血管《けっかん》が同《おな》じようにちぢむのではなく、とくに手足《てあし》などの皮膚《ひふ》の血管《けっかん》がちぢみやすいのです。これにより、手足《てあし》などの皮膚《ひふ》の表面《ひょうめん》に流《なが》れる血《けつ》液《えき》が減《へ》り、体温《たいおん》が下《さ》がるので、私《わたし》たちはすずしく感《かん》じる（ヒヤリとする）というわけです。

このような変化《へんか》には、「自律神《じりつしん》経《けい》」というしくみが深《ふか》くかかわっています。

ハカセMEMO《メモ》！

“手《て》ににぎる汗《あせ》”の正体《しょうたい》

スポーツ観戦《かんせん》をしているとき「手《て》に汗《あせ》をにぎる」ことがあるのォ。これも、怪談話《かいだんばなし》やきもだめしですずしくなるのと同様《どうよう》のしくみで（きんちょうを感《かん》じることで）、「汗《あせ》をかく」という変化《へんか》が体《からだ》におこるためじゃ。

「自律神経《じりつしんけい》」って何《なに》？

体《からだ》には、内臓《ないぞう》や血管《けっかん》などのはたらきを自動的《じどうてき》に調節《ちょうせつ》し、一定《いってい》の状態《じょうたい》に保《たも》とうとする「自律神経《じりつしんけい》」というしくみがある。自律神経《じりつしんけい》は「交感神経《こうかんしんけい》」と「副交感神経《ふくこうかんしんけい》」からなる。

きんちょうや不安《ふあん》を感《かん》じたり、
身《み》に危険《きけん》がせまったりすると…

交感神経《こうかんしんけい》が活発《かっぱつ》にはたらく

リラックスしたり、
ねむったりしているときは…

副交感神経《ふくこうかんしんけい》が活発《かっぱつ》にはたらく

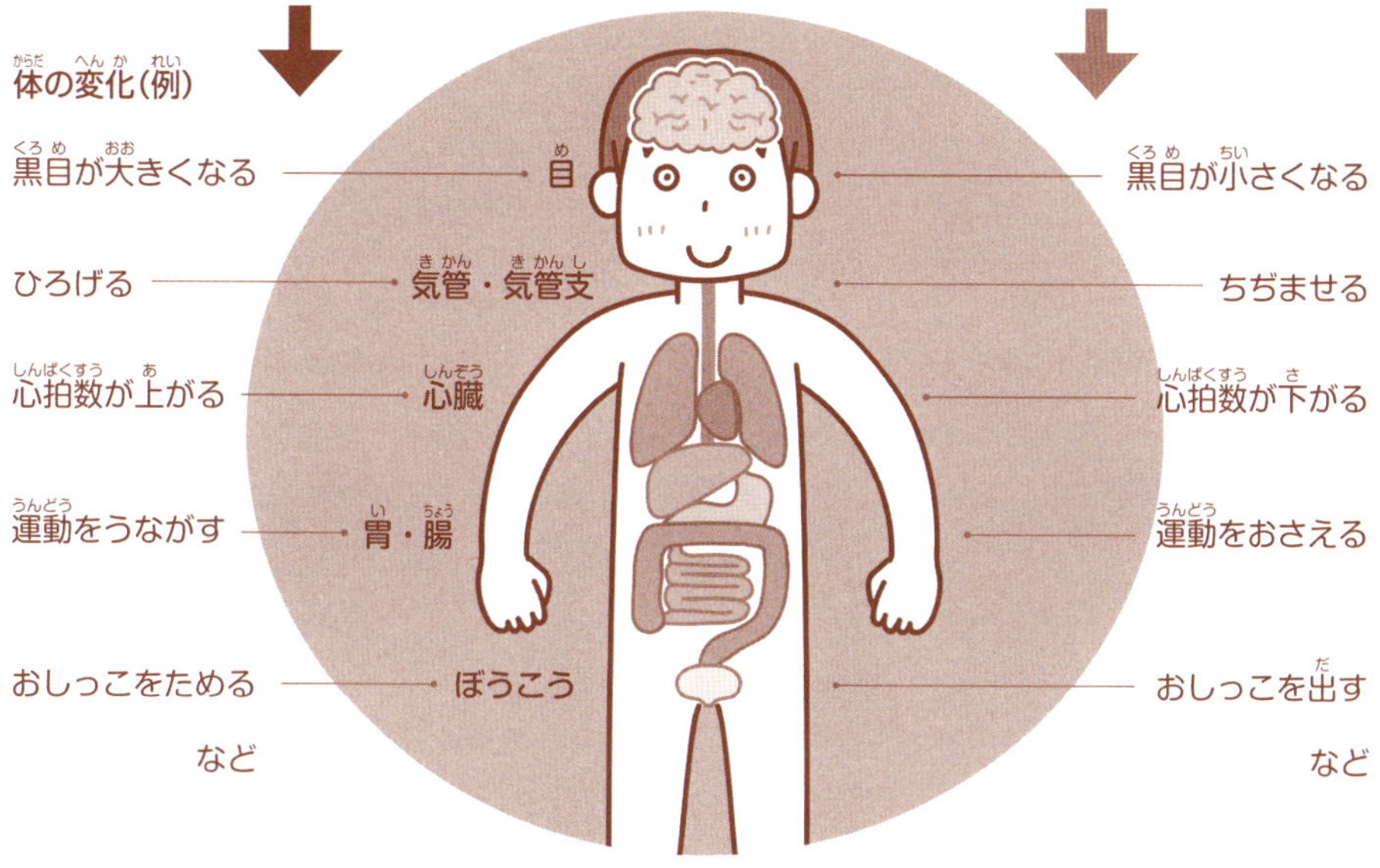
体《からだ》の変化《へんか》(例《れい》)
黒目《くろめ》が大《おお》きくなる
目《め》
黒目《くろめ》が小《ちい》さくなる
ひろげる
気管《きかん》・気管支《きかんし》
ちぢませる
心拍数《しんぱくすう》が上《あ》がる
心臓《しんぞう》
心拍数《しんぱくすう》が下《さ》がる
運動《うんどう》をうながす
胃《い》・腸《ちょう》
運動《うんどう》をおさえる
おしっこをためる
ぼうこう
おしっこを出《だ》す
など
など

なるほど理系脳《りけいのう》クイズ！

おなかがいっぱいでねむくなるのは、どちらがはたらいているとき？　①交感神経《こうかんしんけい》　②副交感神経《ふくこうかんしんけい》

クイズの答《こた》え：P35➡②

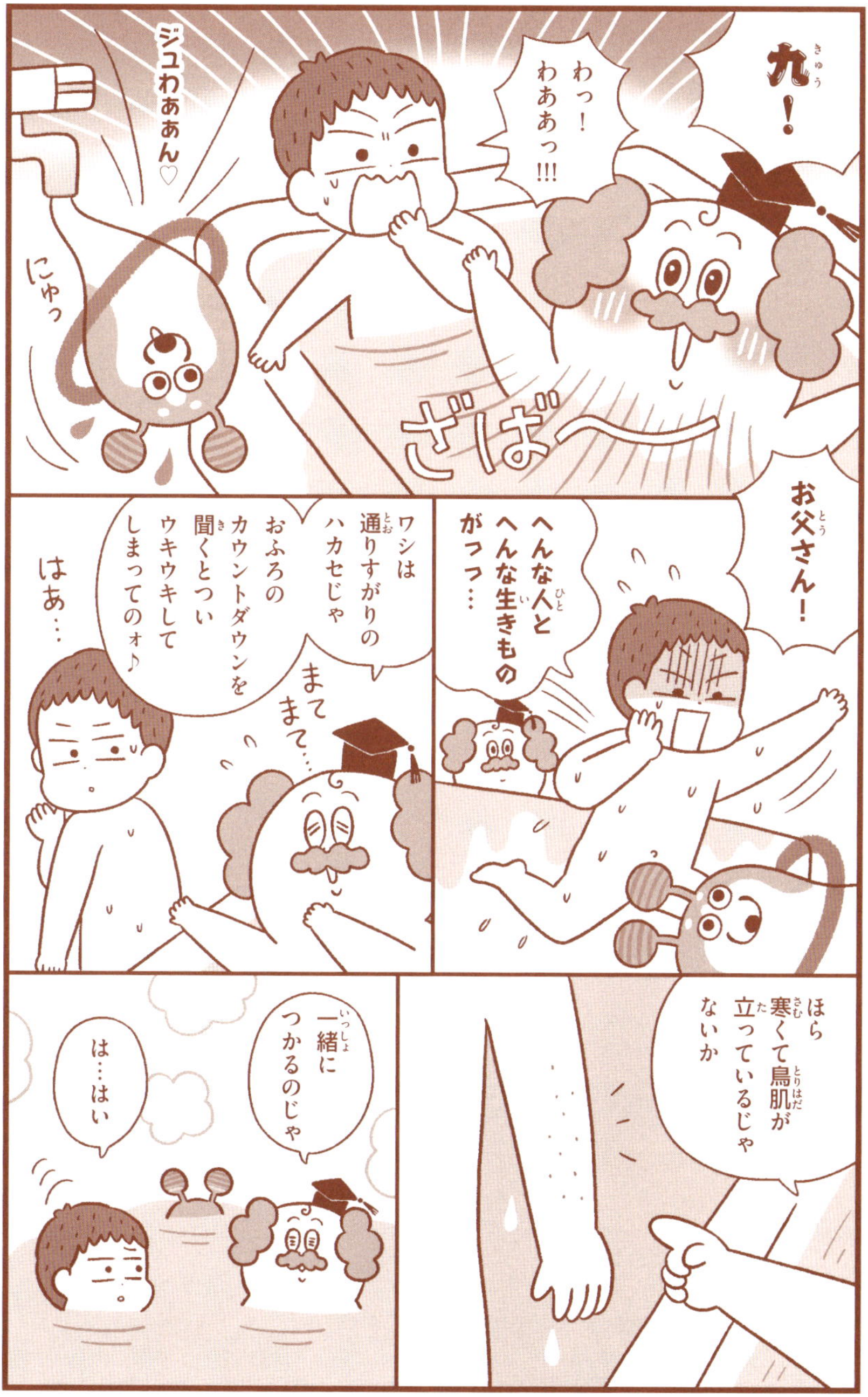
九《きゅう》！
わっ！わぁあっ!!!
ジュわぁぁん♡
にゅっ
ざば〜
お父《とう》さん！
へんな人《ひと》とへんな生《い》きものがっっ…
ワシは通《とお》りすがりのハカセじゃ
おふろのカウントダウンを聞《き》くとついウキウキしてしまってのォ♪
まてまて…
はあ…
ほら寒《さむ》くて鳥肌《とりはだ》が立《た》っているじゃないか
一緒《いっしょ》につかるのじゃ
は…はい

お主《ぬし》は鳥肌《とりはだ》がどんなしくみで立《た》つか興味《きょうみ》はないか？
にょきっ
べつに…
フォフォ…では自律神経《じりつしんけい》は知《し》っておるか？
シャワー
あったかい…
交感神経《こうかんしんけい》と副交感神経《ふくこうかんしんけい》で成《な》り立《た》っているあれでしょ？
そう！
人間《にんげん》の体《からだ》のおくの体温《たいおん》（深部体温《しんぶたいおん》※）は自律神経《じりつしんけい》の助《たす》けを借《か》りて
24時間《じかん》どんな環境《かんきょう》でもつねに約《やく》37℃《ど》になるように自動的《じどうてき》にコントロールされているのじゃ
37℃
※脳《のう》や内臓《ないぞう》の温度《おんど》のこと。深部温度《しんぶおんど》が下《さ》がりすぎると、体《からだ》の中《なか》でさまざまな化学反応《かがくはんのう》がおきにくくなる。
たとえばワシらが寒《さむ》いところに行《い》くと
皮膚《ひふ》が受《う》け取《と》った気温《きおん》の情報《じょうほう》は脳《のう》にある〝体温調節《たいおんちょうせつ》の司令室《しれいしつ》〟に伝《つた》えられるのじゃ

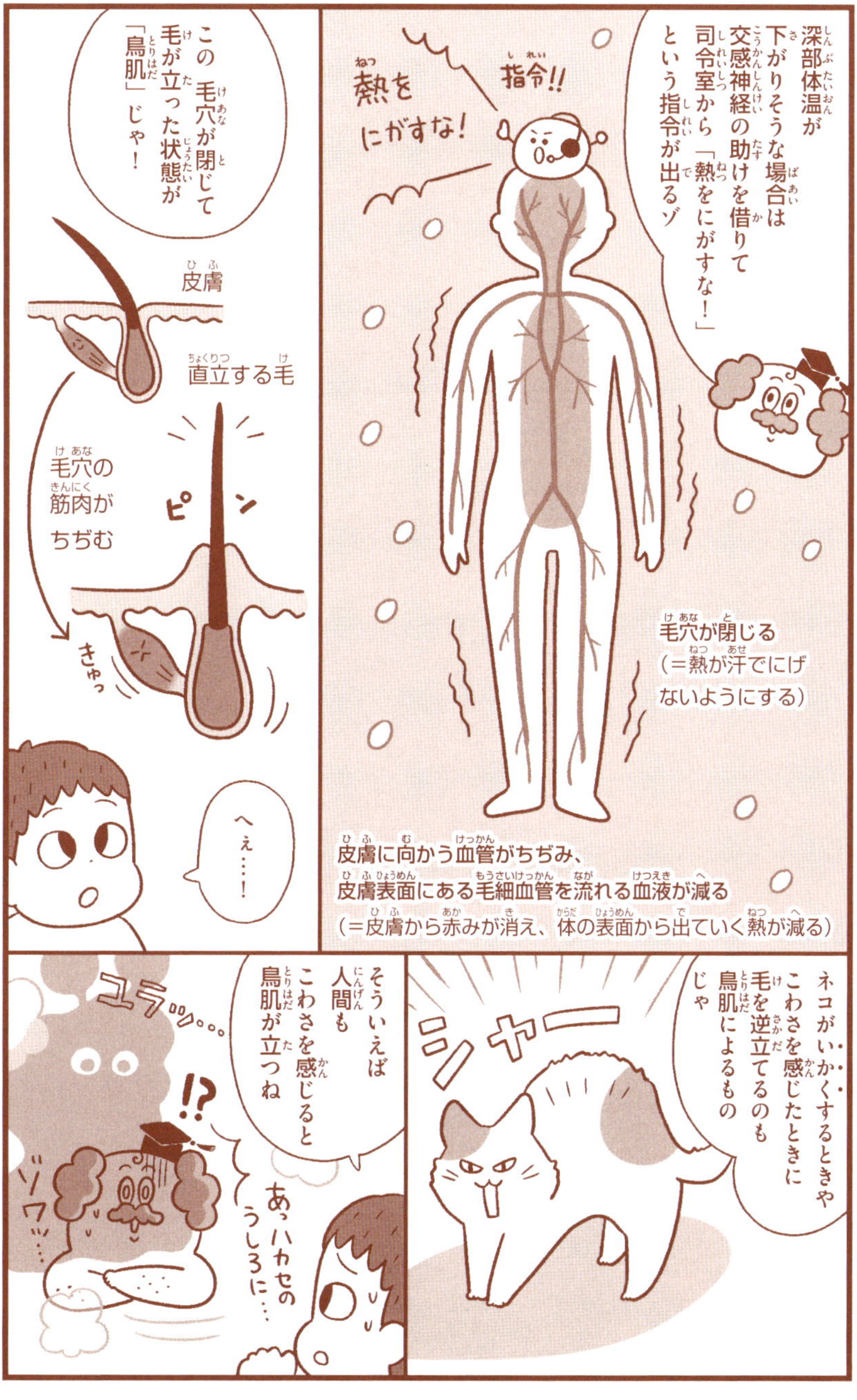

深部体温《しんぶたいおん》が下《さ》がりそうな場合《ばあい》は交感神経《こうかんしんけい》の助《たす》けを借《か》りて司令室《しれいしつ》から「熱《ねつ》をにがすな！」という指令《しれい》が出《で》るゾ
熱《ねつ》をにがすな！
指令《しれい》!!
毛穴《けあな》が閉《と》じる
（＝熱《ねつ》が汗《あせ》でにげないようにする）
皮膚《ひふ》に向《む》かう血管《けっかん》がちぢみ、
皮膚表面《ひふひょうめん》にある毛細血管《もうさいけっかん》を流《なが》れる血液《けつえき》が減《へ》る
（＝皮膚《ひふ》から赤《あか》みが消《き》え、体《からだ》の表面《ひょうめん》から出《で》ていく熱《ねつ》が減《へ》る）
この毛穴《けあな》が閉《と》じて毛《け》が立《た》った状態《じょうたい》が「鳥肌《とりはだ》」じゃ！
皮膚《ひふ》
直立《ちょくりつ》する毛《け》
毛穴《けあな》の筋肉《きんにく》がちぢむ
ピン
きゅっ
へぇ……！
シャー
ネコがいかくするときやこわさを感《かん》じたときに毛《け》を逆立《さかだ》てるのも鳥肌《とりはだ》によるものじゃ
そういえば人間《にんげん》もこわさを感《かん》じると鳥肌《とりはだ》が立《た》つね
ユラッ。。。
!?
ゾワッ…
あっハカセのうしろに…

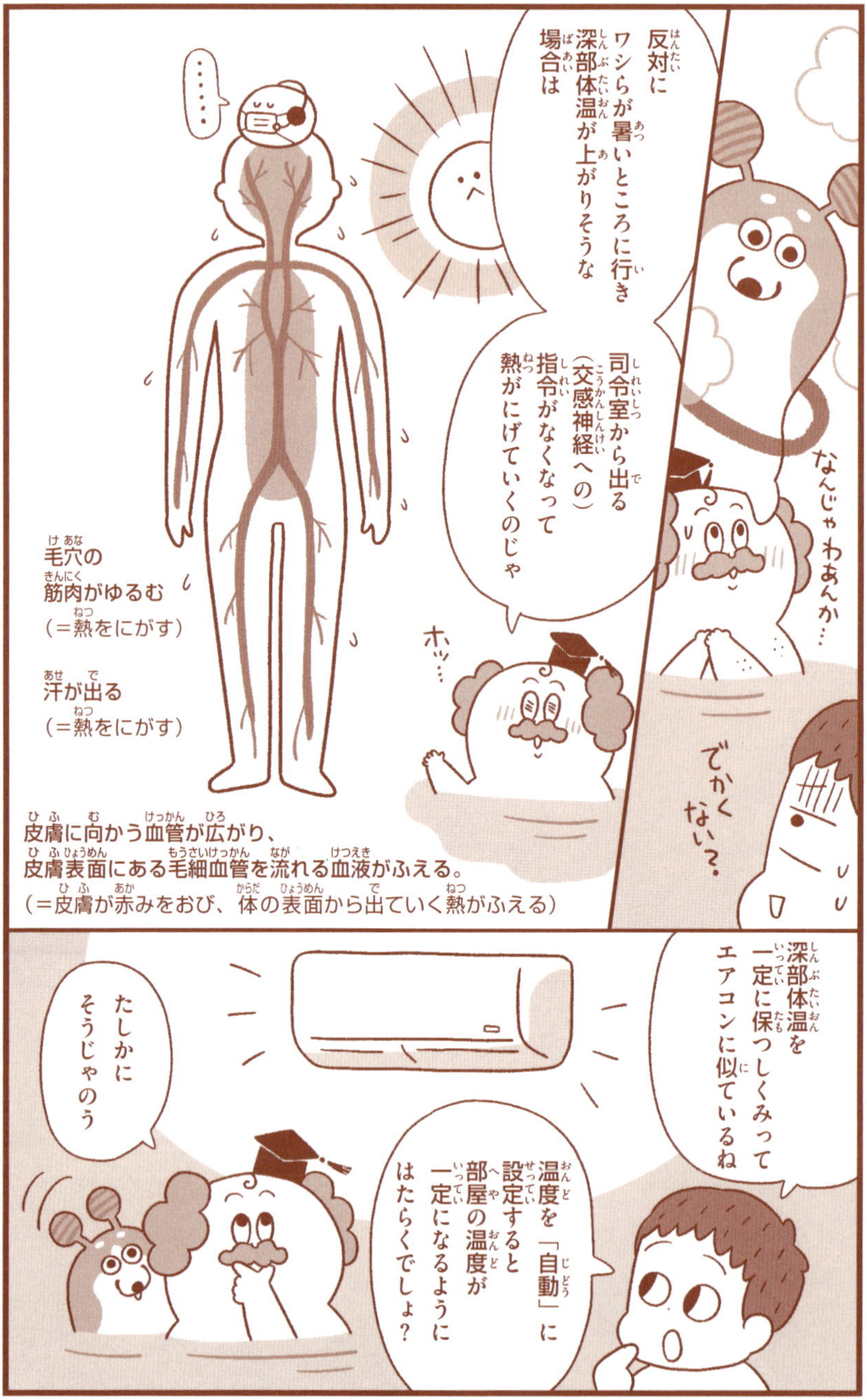

……
反対《はんたい》に ワシらが暑《あつ》いところに行《い》き 深部体温《しんぶたいおん》が上《あ》がりそうな 場合《ばあい》は
司令室《しれいしつ》から出《で》る（交感神経《こうかんしんけい》への）指令《しれい》がなくなって 熱《ねつ》がにげていくのじゃ
毛穴《けあな》の 筋肉《きんにく》がゆるむ （＝熱《ねつ》をにがす）
汗《あせ》が出《で》る （＝熱《ねつ》をにがす）
皮膚《ひふ》に向《む》かう血管《けっかん》が広《ひろ》がり、
皮膚表面《ひふひょうめん》にある毛細血管《もうさいけっかん》を流《なが》れる血液《けつえき》がふえる。
（＝皮膚《ひふ》が赤《あか》みをおび、体《からだ》の表面《ひょうめん》から出《で》ていく熱《ねつ》がふえる）
ホッ…
なんじゃわあんか…
でかくない？
深部体温《しんぶたいおん》を 一定《いってい》に保《たも》つしくみって エアコンに似《に》ているね
温度《おんど》を「自動《じどう》」に 設定《せってい》すると 部屋《へや》の温度《おんど》が 一定《いってい》になるように はたらくでしょ？
たしかに そうじゃのう

体《からだ》って おもしろいんだね 教《おし》えてくれて ありがとう ハカセ！
どう いたしまして なのじゃ♪
ねえ！
おもちゃが たくさんあるから 3人《にん》で遊《あそ》ぼうよ
わあん♡
いい提案《ていあん》じゃ♡
ブォー
なんだか おふろ場《ば》が さわがしいな
ガチャ
おーい いつまで 入《はい》って…
あーーっ!!!
お父《とう》さんも 一緒《いっしょ》にどうですか なのじゃ♡

人体《じんたい》びっくりマジック

☆★ イスにはりつく人間《にんげん》 ★☆

だれかに、イスに深《ふか》くこしかけてもらうのじゃ。

ひざは、内側《うちがわ》に曲《ま》がらないように！

イスは動《うご》かないようにする！

お主《ぬし》は指《ゆび》の腹《はら》を、相手《あいて》のおでこに当《あ》てるのじゃ。そして、「ゆっくり立《た》ち上《あ》がってみて」と言《い》うのじゃ。すると…

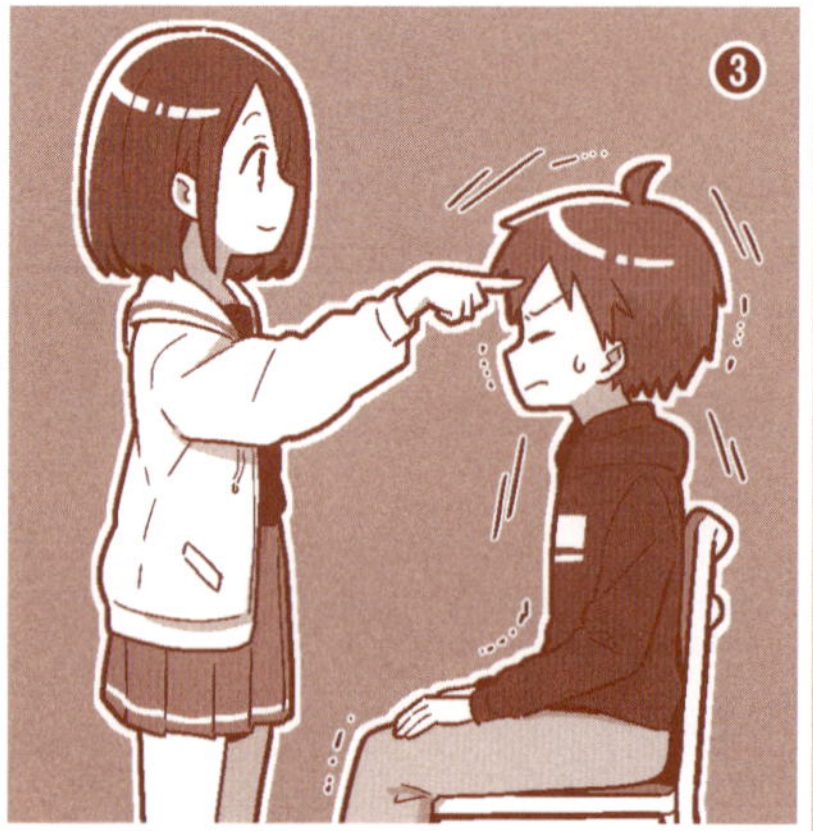

指《ゆび》1本《ぽん》でおさえているだけなのに、なぜか相手《あいて》は立《た》ち上《あ》がれなくなるゾ！
(＝立《た》ち上《あ》がるために必要《ひつよう》な力《ちから》が、うまく入《はい》らなくなるため)

2章《しょう》

食《た》べもののゆくえ

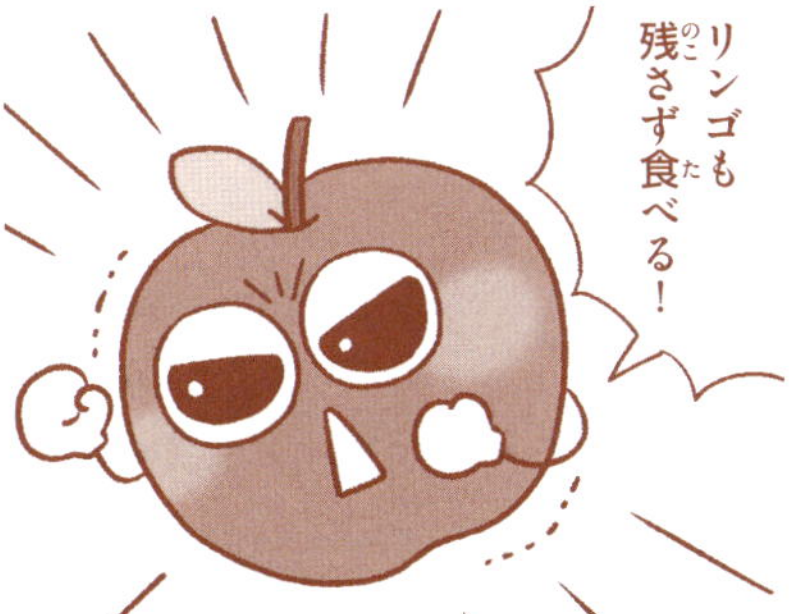
リンゴも
残《のこ》さず食《た》べる！

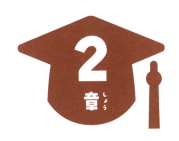

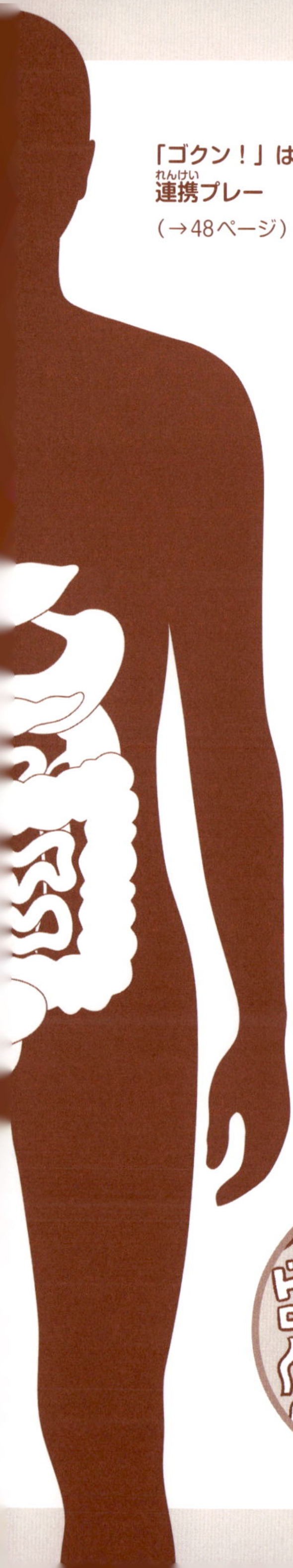

60秒《びょう》でわかる 食《た》べもののゆくえ

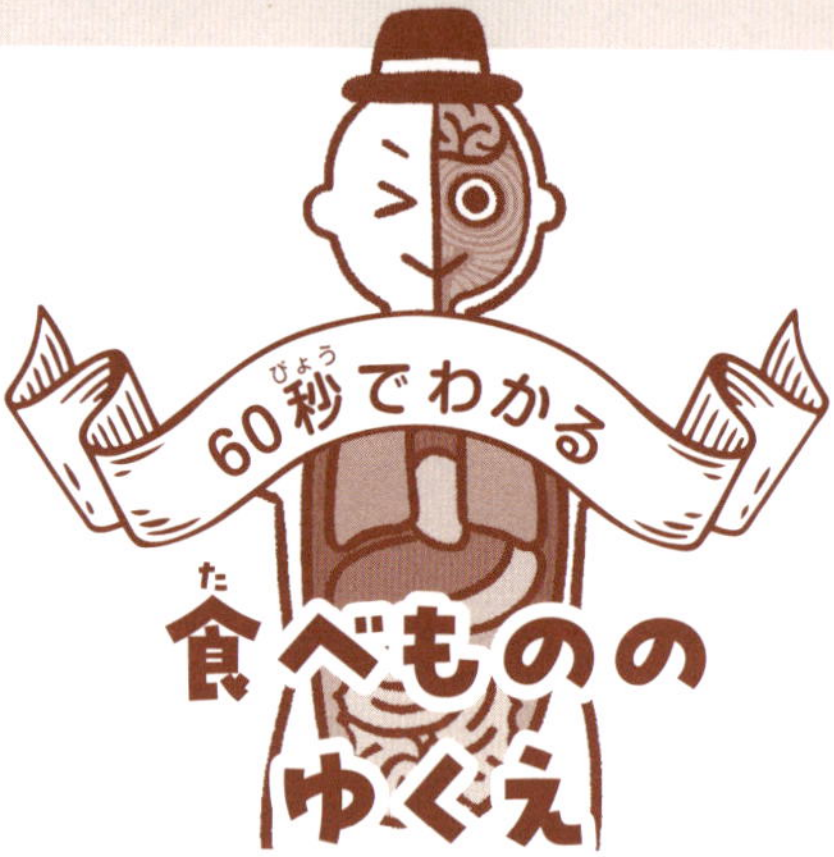

「ゴクン！」は
連携《れんけい》プレー
（→48ページ）

逆立《さかだ》ちしたら、飲《の》みこめる？
（→50ページ）

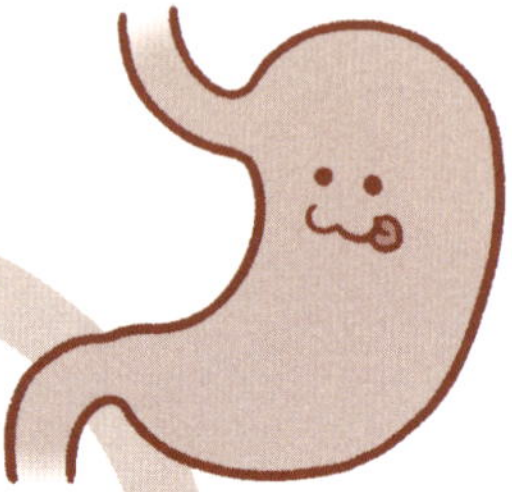

胃《い》に残《のこ》された
死亡時刻《しぼうじこく》のヒント
（→52ページ）

おなかの中《なか》にいる
100兆個以上《ちょうこいじょう》の
細菌《さいきん》
（→68ページ）

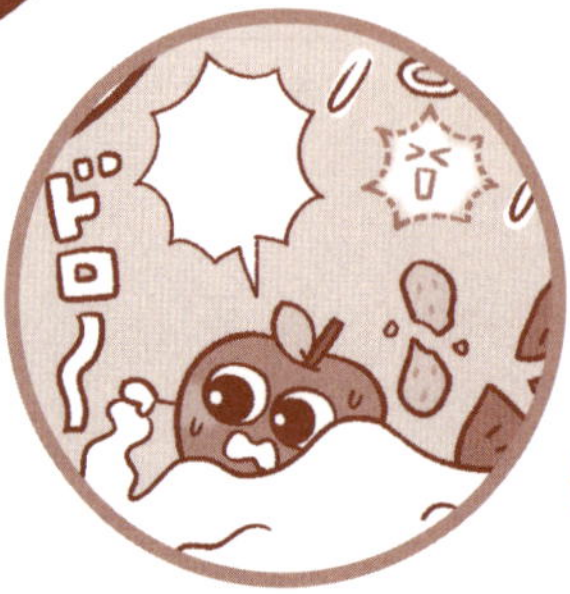

消化《しょうか》のしくみ
（→54ページ）

唾液《だえき》には
「さらさら」と「ねばねば」がある
（→46ページ）

栄養素《えいようそ》の役割《やくわり》
（→62ページ）

実《じつ》はすごい肝臓《かんぞう》
（→64ページ）

水分《すいぶん》をとらなくても…
おしっこは出《で》る！
（→70ページ）

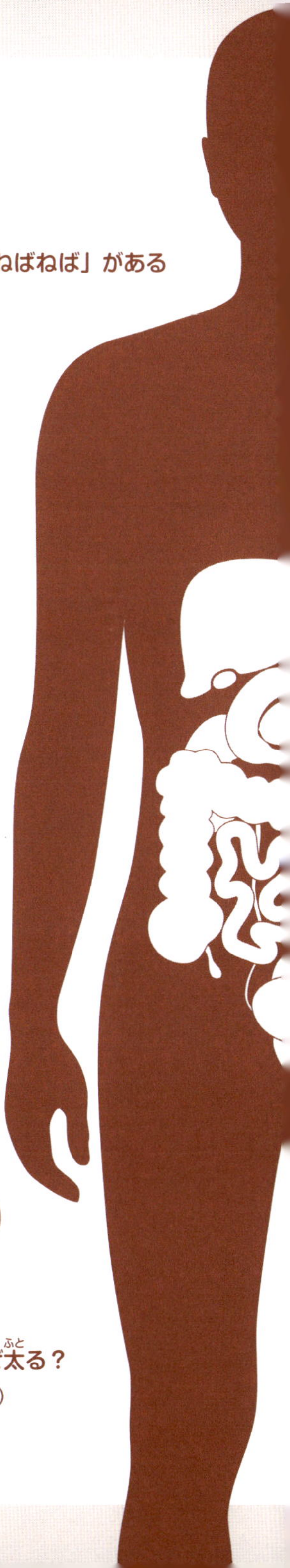

人間《にんげん》は、なぜ太《ふと》る？
（→66ページ）

1

唾液《だえき》には…「さらさら」と「ねばねば」がある

口《くち》の中《なか》には、左《ひだり》ページ❶〜❸のような、3つの大《おお》きな「唾液腺《だえきせん》」があります。唾液腺《だえきせん》とは、唾液《だえき》をつくる組織《そしき》のことです。大人《おとな》の場《ば》合《あい》、1日《にち》あたり約《やく》1〜1.5リットルもの唾液《だえき》が、唾液腺《だえきせん》から分泌《ぶんぴつ》されます。

たとえば私《わたし》たちが食事《しょくじ》をしているとき、❶や❸から、さらさらの唾液《だえき》が多《おお》く分泌《ぶんぴつ》されます。さらさらの唾液《だえき》には、「食《た》べものをやわらかくし、食《た》べものを口《くち》から胃《い》まで運《はこ》びやすくする」「食《た》べものの消化《しょうか》を助《たす》ける※」「口《くち》の中《なか》を洗《あら》い流《なが》してきれいに保《たも》つ」などの役割《やくわり》があります。

これに対《たい》し、きんちょうしたりストレスを感《かん》じたりしたときには、❷や❸からねばねばの唾液《だえき》が少《すこ》しだけ分泌《ぶんぴつ》されます。ねばねばの唾液《だえき》には、「口《くち》の中《なか》のねんまくを守《まも》る」などの役割《やくわり》があります。

※消化《しょうか》については、54ページでくわしくお話《はな》しします。

ハカセ MEMO《メモ》!

アミラーゼ

ごはんやパン、イモなどには、糖質《とうしつ》という栄《えい》養素《ようそ》が多《おお》くふくまれるのじゃ。唾液《だえき》には、糖《とう》質《しつ》（デンプン）を分解《ぶんかい》する「アミラーゼ」という物質《ぶっしつ》（消化酵素《しょうかこうそ》）がふくまれるゾ。

3つの大《おお》きな唾液腺《だえきせん》

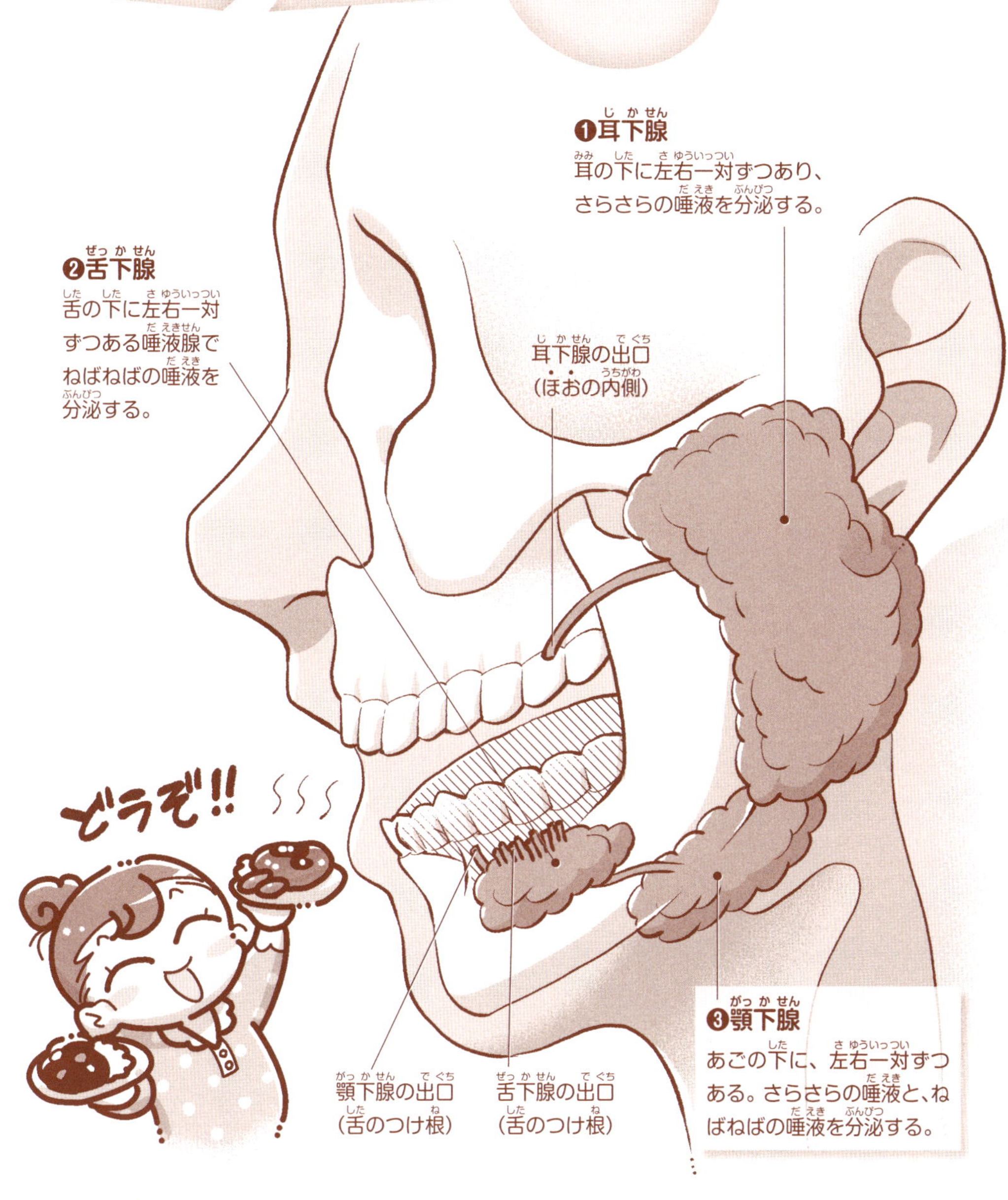
❶耳下腺《じかせん》
耳《みみ》の下《した》に左右一対《さゆういっつい》ずつあり、
さらさらの唾液《だえき》を分泌《ぶんぴつ》する。
❷舌下腺《ぜっかせん》
舌《した》の下《した》に左右一対《さゆういっつい》
ずつある唾液腺《だえきせん》で
ねばねばの唾液《だえき》を
分泌《ぶんぴつ》する。
耳下腺《じかせん》の出口《でぐち》
（ほおの内側《うちがわ》）
どうぞ!!
顎下腺《がっかせん》の出口《でぐち》
（舌《した》のつけ根《ね》）
舌下腺《ぜっかせん》の出口《でぐち》
（舌《した》のつけ根《ね》）
❸顎下腺《がっかせん》
あごの下《した》に、左右一対《さゆういっつい》ずつ
ある。さらさらの唾液《だえき》と、ね
ばねばの唾液《だえき》を分泌《ぶんぴつ》する。

なるほど理系脳《りけいのう》クイズ！

アミラーゼの別名《べつめい》は？　①リコピン　②葉酸《ようさん》　③ジアスターゼ

② すごいぞ…「ゴクン！」は連携《れんけい》プレー

私《わたし》たちが、ふだん何気《なにげ》なくしている「ゴクン！」と飲《の》みこむ（食《た》べものを食《た》べる）行為《こうい》は、実《じつ》はさまざまな筋肉《きんにく》がかかわる複雑《ふくざつ》な動《どう》作《さ》です。

私《わたし》たちが、目《め》で食《た》べものをとらえると…❶、食《た》べものを口《くち》に運《はこ》び、歯《は》や舌《した》やほおを使《つか》ってかみくだきます…❷。小《ちい》さくなった（唾液《だえき》とまぜられた）食《た》べものは、舌《した》によって“口《くち》の天井《てんじょう》”におしつけられ、のどへと送《おく》られます…❸。

このとき、のどちんこの近《ちか》くの“口《くち》の天井《てんじょう》”が、口《くち》から鼻《はな》につながる通路《つうろ》をふさぎます。そして、気《き》管《かん》の入《い》り口《ぐち》にあるふたが閉《と》じ、食《しょく》道《どう》の入《い》り口《ぐち》の筋肉《きんにく》がゆるんで開《ひら》くと、食《た》べものはのどや舌《した》の筋肉《きんにく》のはたらきによって、食道《しょくどう》におしこまれます…❹。

食道《しょくどう》に食《た》べものが入《はい》ると、食道《しょくどう》の入《い》り口《ぐち》の筋肉《きんにく》がちぢんで閉《と》じます…❺。これにより、食《た》べものは飲《の》みこまれます。

ハカセMEMO《メモ》！

筋肉《きんにく》のれんけいプレー

食《た》べものを飲《の》みこむ動作《どうさ》には、小《ちい》さなものをふくめると、25種類《しゅるい》以上《いじょう》の筋肉《きんにく》がかかわっていると考《かんが》えられているゾ（これらが通常《つうじょう》1秒《びょう》足《た》らずの間《あいだ》に、決《き》まった順番《じゅんばん》で動《うご》く）。

漢字《かんじ》だらけの本名《ほんみょう》

“口《くち》の天井《てんじょう》”は、正式《せいしき》には「軟口蓋《なんこうがい》」というゾ。ちなみに、“口《くち》の天井《てんじょう》”の先《さき》にぶらさがっているのどちんこは「口蓋《こうがい》垂《すい》」じゃ。どちらも、むずかしい漢字《かんじ》じゃのォ…。

クイズの答《こた》え：P47➡③

食《た》べものを飲《の》みこむしくみ

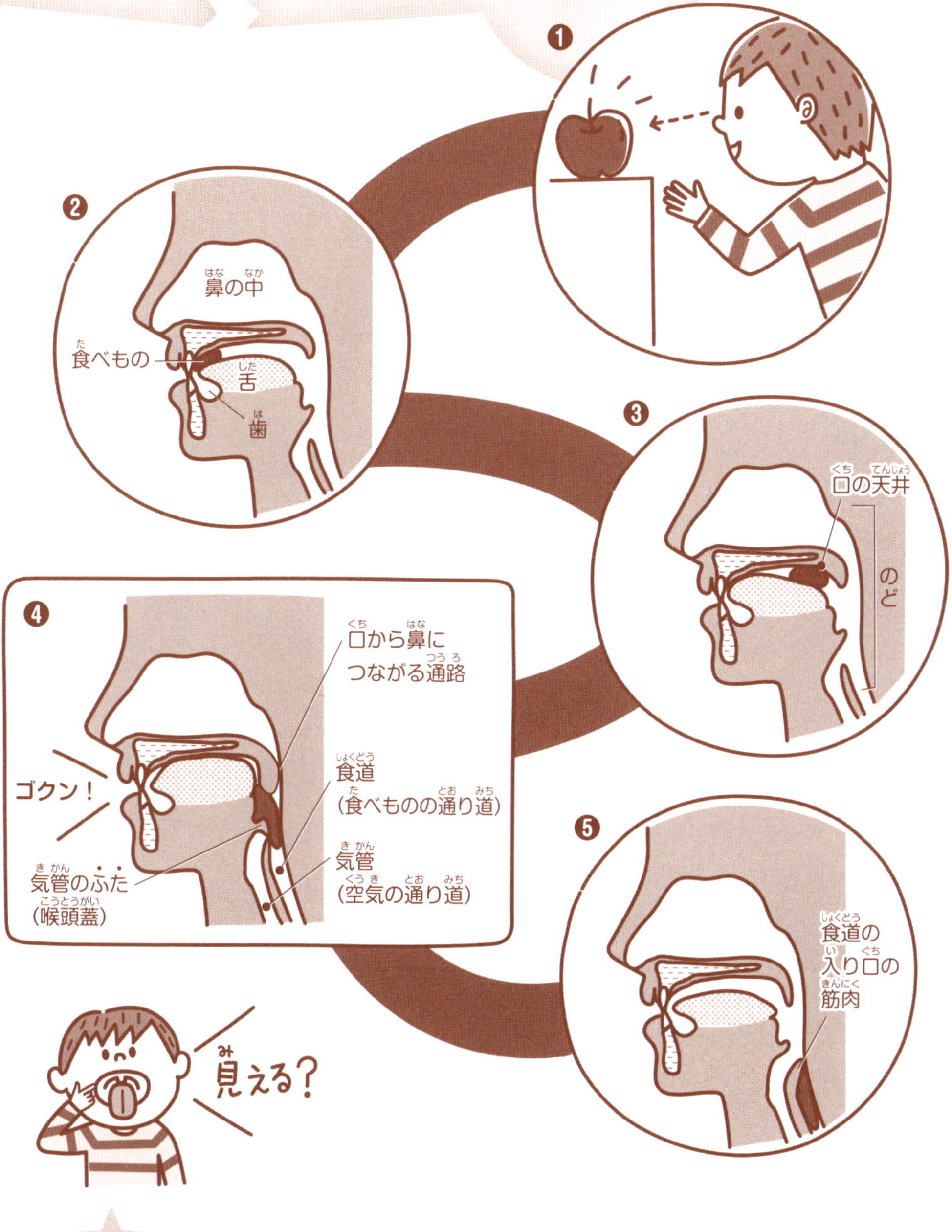

なるほど理系脳《りけいのう》クイズ！

口《くち》から鼻《はな》につながる通路《つうろ》は、正式《せいしき》には何《なん》とよばれる？　①声帯《せいたい》　②上咽頭《じょういんとう》（鼻咽腔《びいんくう》）　③弁《べん》

3

ギモン！

逆立《さかだ》ちしたら、飲《の》みこめる？

私《わたし》たちが食《た》べたものは、口《くち》の中《なか》で唾液《だえき》とまぜられながら、小《ちい》さくかみくだかれます。そしてゴクンと飲《の》みこまれたあと、体《からだ》の上《うえ》のほうから下《した》のほうへと、つまり食道《しょくどう》から胃《い》、胃《い》から腸《ちょう》へと運《はこ》ばれていきます。

では、私《わたし》たちが逆立《さかだ》ちをしながら食《た》べものを食《た》べたら、同《おな》じように運《はこ》ばれていくのでしょうか。

食道《しょくどう》は、「蠕動運動《ぜんどううんどう》」によって食《た》べものを運《はこ》んでいます。蠕動運動《ぜんどううんどう》とは、食道《しょくどう》（消化管《しょうかかん》）がみずからをちぢめたり、ゆるめたりしながら、食《た》べものをおしだす動《うご》きのことです。

つまり、逆立《さかだ》ちをしていても、たとえ体《からだ》がぷかぷかとうかぶ宇宙《うちゅう》空間《くうかん》にいたとしても、私《わたし》たちの体《からだ》は、食《た》べたものを食道《しょくどう》から胃《い》、胃《い》から腸《ちょう》へと、きちんと運《はこ》んでくれるのです。

ハカセMEMO《メモ》！

1秒間《びょうかん》に約《やく》4センチメートル

食《た》べものが食道《しょくどう》を進《すす》む速《はや》さは、1秒間《びょうかん》に4センチメートルほどじゃ。大人《おとな》の食道《しょくどう》の長《なが》さは25センチメートルほどなので、食《た》べものは飲《の》みこまれてから6秒《びょう》ほどで胃《い》に入《はい》るのじゃ。たとえば、カタツムリは1秒間《びょうかん》に約《やく》1ミリメートル進《すす》むので、それよりもずっと速《はや》いゾ。

クイズの答《こた》え：P49➡②

胃《い》へ食《た》べものを運《はこ》ぶ食道《しょくどう》

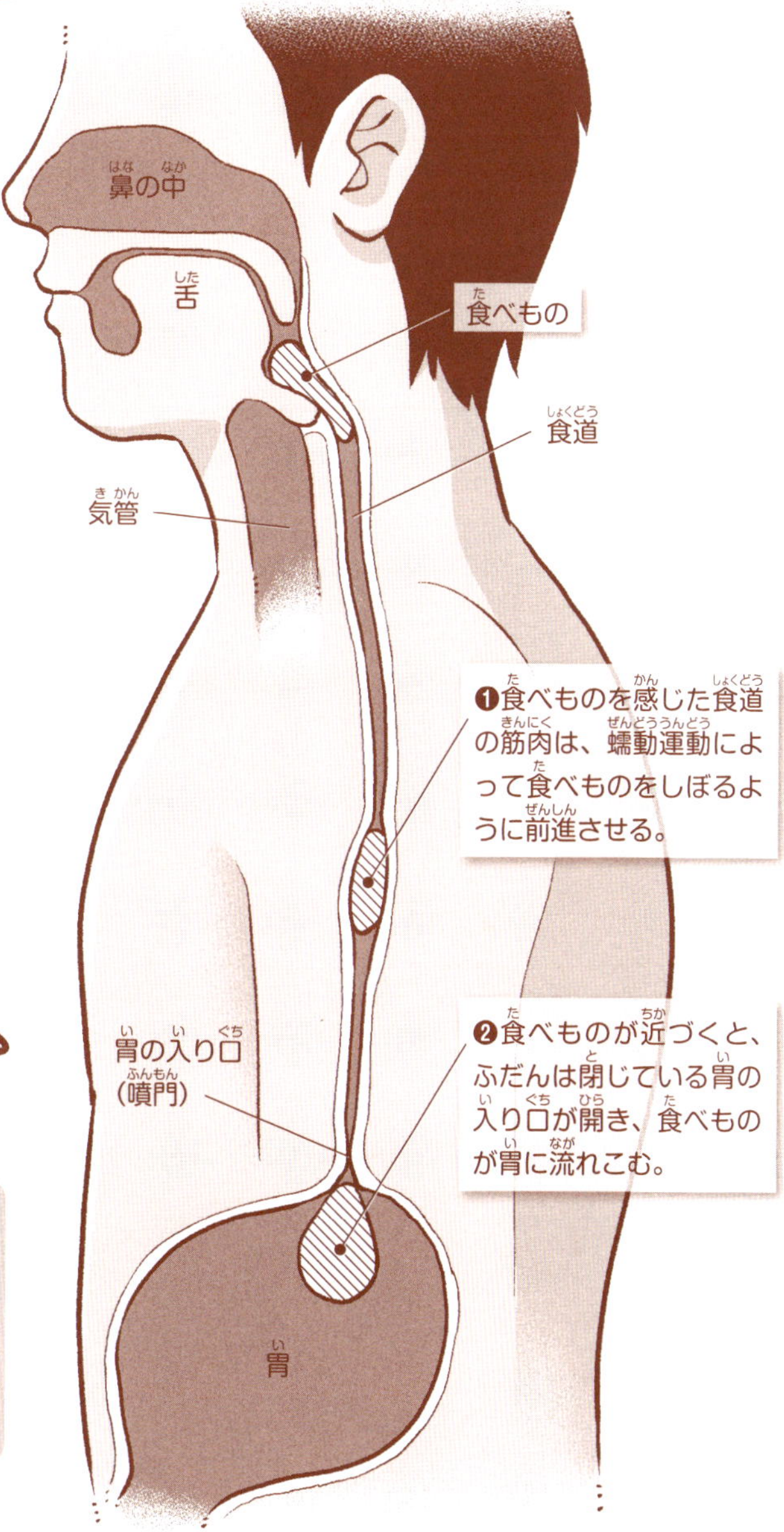

なるほど理系脳《りけいのう》クイズ！

食道《しょくどう》のほかに、蠕動運動《ぜんどううんどう》をしているのは？　①脳《のう》　②肝臓《かんぞう》　③腸《ちょう》

4

なんだって!? 胃《い》に残《のこ》された死亡時刻《しぼうじこく》のヒント

マンガや映画《えいが》などで、乗《の》り捨《す》てられた車《くるま》のボンネットを探偵《たんてい》がさわり、「犯人《はんにん》はまだ遠《とお》くに行《い》っていない」などとつぶやくシーンがあります。これは、ボンネットがあたたかい＝エンジンを切《き》ってからあまり時間《じかん》がたっていない、という推理《すいり》によるものです。

同《おな》じように、殺人事件《さつじんじけん》がおきたとき、被害者《ひがいしゃ》の胃《い》に残《のこ》された食《た》べものを調《しら》べることで、死亡時刻《しぼうじこく》を推定《すいてい》することができます。

口《くち》から食道《しょくどう》を通《とお》り、胃《い》にやってきた食《た》べものは、消化《しょうか》を受《う》けるために、数時間《すうじかん》胃《い》にとどまります。すなわち、被害者《ひがいしゃ》の胃《い》に食《た》べものが多《おお》く残《のこ》っている場合《ばあい》、被害者《ひがいしゃ》は食後《しょくご》すぐに死亡《しぼう》した（＝何者《なにもの》かによって犯行《はんこう》が行《おこな》われた）可能性《かのうせい》が高《たか》いと考《かんが》えられるのです※。

ちなみに飲《の》みものの場合《ばあい》、10～20分《ぷん》ほどで胃《い》から出《で》ていってしまいます。

※これ以外《いがい》の方法《ほうほう》で、死亡時刻《しぼうじこく》の推定《すいてい》が行《おこな》われることもある。

ハカセ MEMO《メモ》!

胃《い》のもたれ

あぶらを多《おお》くふくむものを食《た》べると、しばらくの間《あいだ》、胃《い》が重《おも》く感《かん》じられることがあるのォ。これは、食《た》べものが長時間《ちょうじかん》胃《い》にとどまる（＝消化《しょうか》に時間《じかん》がかかる）ためにおきるしょうじょうで、「胃《い》のもたれ」とよばれるゾ。

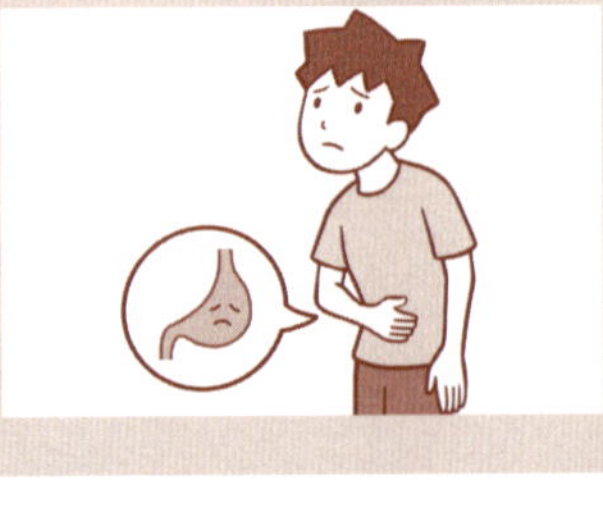

クイズの答《こた》え：P51➡③

食《た》べものが胃《い》にとどまる時間《じかん》

なるほど理系脳《りけいのう》クイズ！

大人《おとな》の胃《い》には、最大《さいだい》でどれくらいの量《りょう》の食《た》べものが入《はい》る？　①300ミリリットル　②1.5リットル

クイズの答《こた》え：P53➡②

あいつ
エサが欲《ほ》しくて
たまに
来《く》るんですよ
でも
エサをあげても
食《た》べないんです！
ナオ〜ン
え…
ひどいのじゃ…
よしよし
今《いま》 ごはんを
あげるからな
ズン…
おいしく
なさそうだニャ…
だからハカセも
だまされないで
ください！
フォフォ…
まるで
「ワニのなみだ」
じゃのォ
も〜
ワニ
じゃないですよ
ネコ！
ネ・コ！
英語《えいご》やヨーロッパの言語《げんご》では
うそ泣《な》きすることを
そのように表現《ひょうげん》するのじゃ
食《た》べてゴメンネ…
ポロリ…
ウソだ

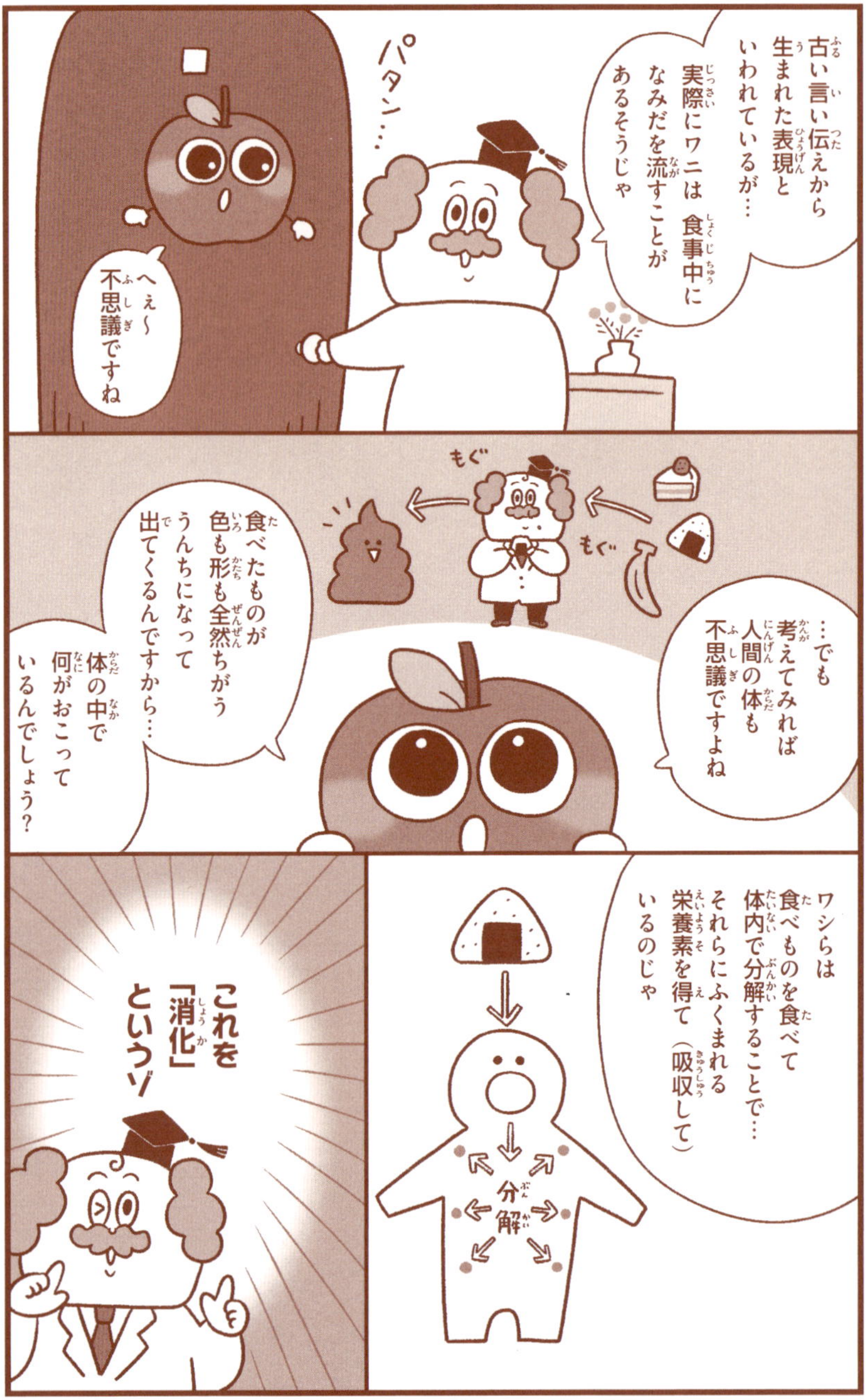
古《ふる》い言《い》い伝《つた》えから
生《う》まれた表現《ひょうげん》と
いわれているが…
実際《じっさい》にワニは 食事中《しょくじちゅう》に
なみだを流《なが》すことが
あるそうじゃ
パタン…
へぇ~
不思議《ふしぎ》ですね
もぐ
もぐ
…でも
考《かんが》えてみれば
人間《にんげん》の体《からだ》も
不思議《ふしぎ》ですよね
食《た》べたものが
色《いろ》も形《かたち》も全然《ぜんぜん》ちがう
うんちになって
出《で》てくるんですから…
体《からだ》の中《なか》で
何《なに》がおこって
いるんでしょう?
ワシらは
食《た》べものを食《た》べて
体内《たいない》で分解《ぶんかい》することで…
それらにふくまれる
栄養素《えいようそ》を得《え》て(吸収《きゅうしゅう》して)
いるのじゃ
分《ぶん》解《かい》
これを
「消化《しょうか》」
というゾ

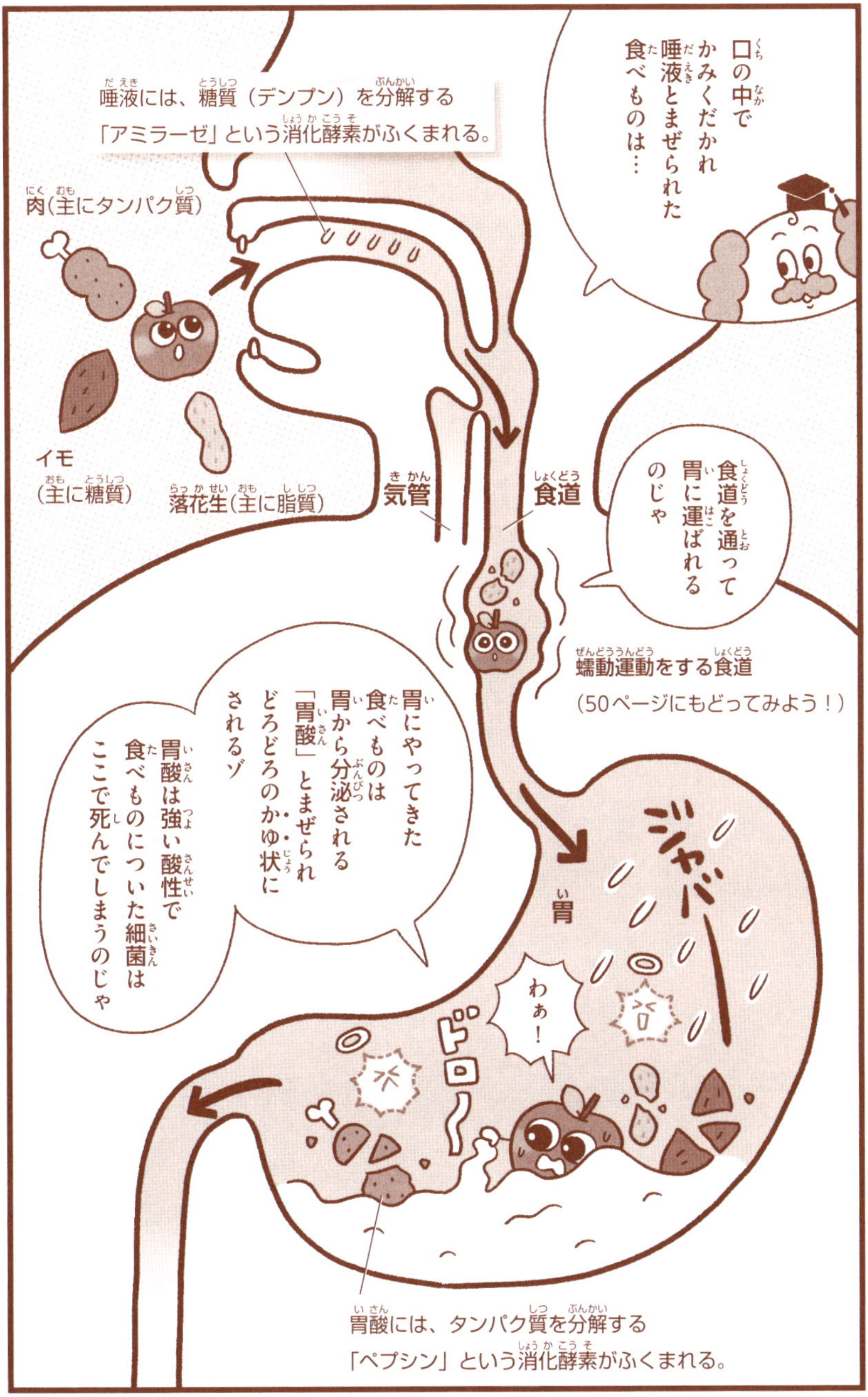
口《くち》の中《なか》でかみくだかれ唾液《だえき》とまぜられた食《た》べものは…
唾液《だえき》には、糖質《とうしつ》（デンプン）を分解《ぶんかい》する「アミラーゼ」という消化酵素《しょうかこうそ》がふくまれる。
肉《にく》(主《おも》にタンパク質《しつ》)
イモ(主《おも》に糖質《とうしつ》)
落花生《らっかせい》(主《おも》に脂質《ししつ》)
気管《きかん》
食道《しょくどう》
食道《しょくどう》を通《とお》って胃《い》に運《はこ》ばれるのじゃ
蠕動運動《ぜんどううんどう》をする食道《しょくどう》
(50ページにもどってみよう！)
胃《い》にやってきた食《た》べものは胃《い》から分泌《ぶんぴつ》される「胃酸《いさん》」とまぜられどろどろのかゆ状《じょう》にされるゾ
胃酸《いさん》は強《つよ》い酸性《さんせい》で食《た》べものについた細菌《さいきん》はここで死《し》んでしまうのじゃ
胃《い》
ジャバー
わぁ！
ドロ〜
胃酸《いさん》には、タンパク質《しつ》を分解《ぶんかい》する「ペプシン」という消化酵素《しょうかこうそ》がふくまれる。

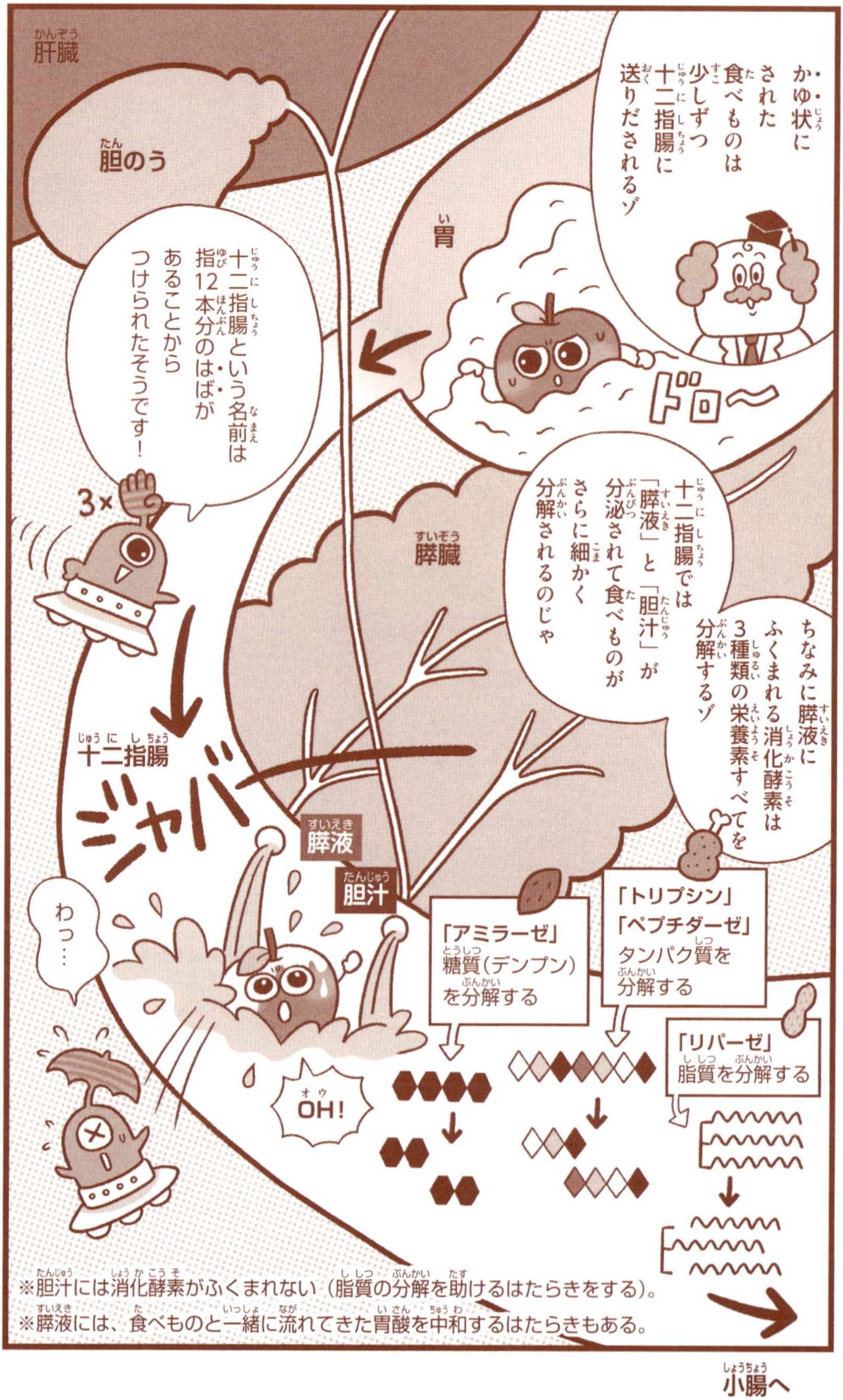

肝臓《かんぞう》
胆《たん》のう
かゆ状《じょう》にされた食《た》べものは少《すこ》しずつ十二指腸《じゅうにしちょう》に送《おく》りだされるゾ
胃《い》
ドロ〜
十二指腸《じゅうにしちょう》という名前《なまえ》は指《ゆび》12本分《ほんぶん》のはばがあることからつけられたそうです！
3×
十二指腸《じゅうにしちょう》では「膵液《すいえき》」と「胆汁《たんじゅう》」が分泌《ぶんぴつ》されて食《た》べものがさらに細《こま》かく分解《ぶんかい》されるのじゃ
膵臓《すいぞう》
ちなみに膵液《すいえき》にふくまれる消化酵素《しょうかこうそ》は3種類《しゅるい》の栄養素《えいようそ》すべてを分解《ぶんかい》するゾ
十二指腸《じゅうにしちょう》
ジャバー
膵液《すいえき》
胆汁《たんじゅう》
わっ…
OH《オウ》!
「アミラーゼ」糖質《とうしつ》（デンプン）を分解《ぶんかい》する
「トリプシン」「ペプチダーゼ」タンパク質《しつ》を分解《ぶんかい》する
「リパーゼ」脂質《ししつ》を分解《ぶんかい》する
※胆汁《たんじゅう》には消化酵素《しょうかこうそ》がふくまれない（脂質《ししつ》の分解《ぶんかい》を助《たす》けるはたらきをする）。
※膵液《すいえき》には、食《た》べものと一緒《いっしょ》に流《なが》れてきた胃酸《いさん》を中和《ちゅうわ》するはたらきもある。
小腸《しょうちょう》へ

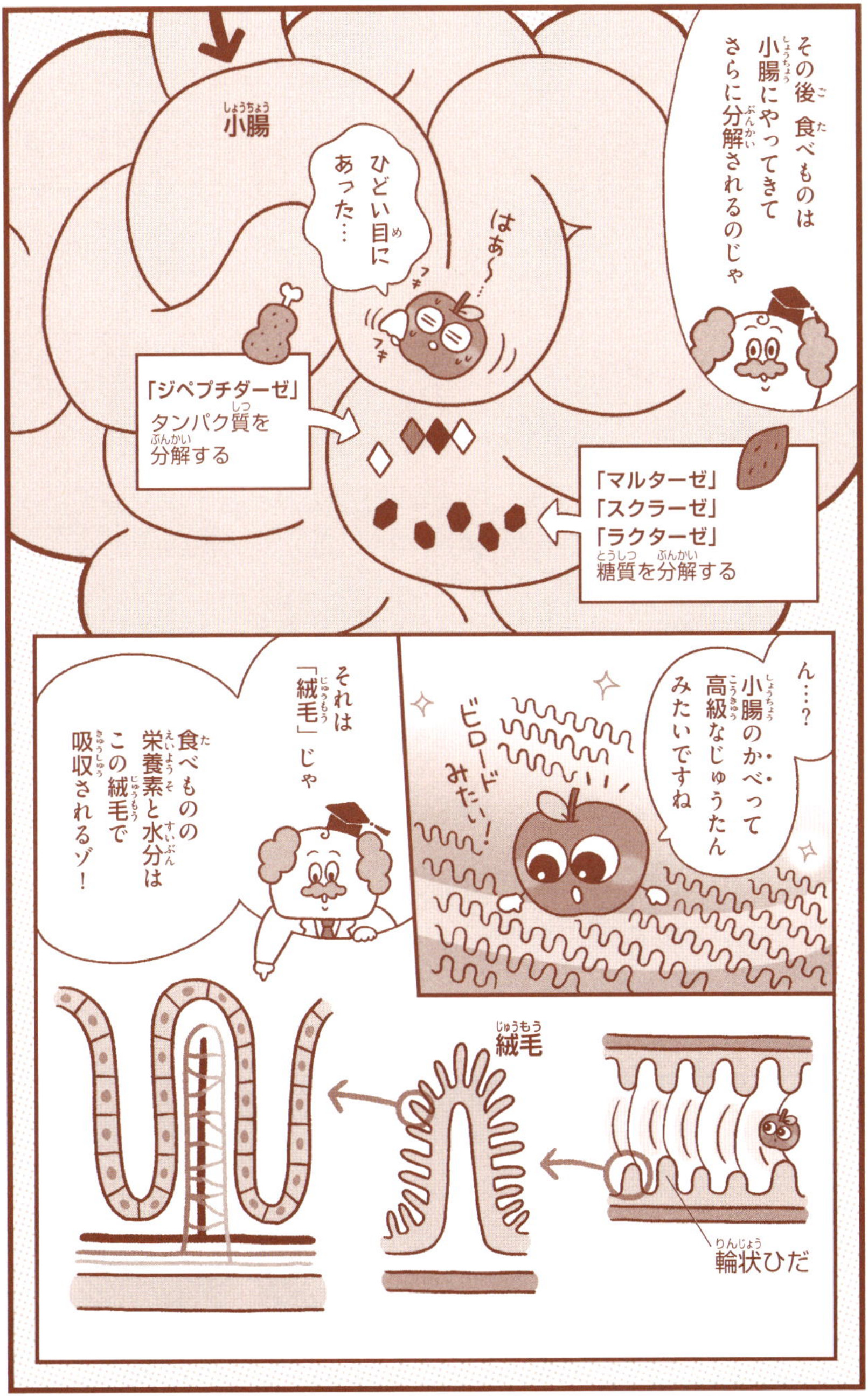
その後《ご》 食《た》べものは
小腸《しょうちょう》にやってきて
さらに分解《ぶんかい》されるのじゃ
小腸《しょうちょう》
ひどい目《め》に
あった…
はぁ〜…
フキ
フキ
「ジペプチダーゼ」
タンパク質《しつ》を
分解《ぶんかい》する
「マルターゼ」
「スクラーゼ」
「ラクターゼ」
糖質《とうしつ》を分解《ぶんかい》する
ん…？
小腸《しょうちょう》のかべって
高級《こうきゅう》なじゅうたん
みたいですね
ビロードみたい！
それは
「絨毛《じゅうもう》」じゃ
食《た》べものの
栄養素《えいようそ》と水分《すいぶん》は
この絨毛《じゅうもう》で
吸収《きゅうしゅう》されるゾ！
絨毛《じゅうもう》
輪状《りんじょう》ひだ

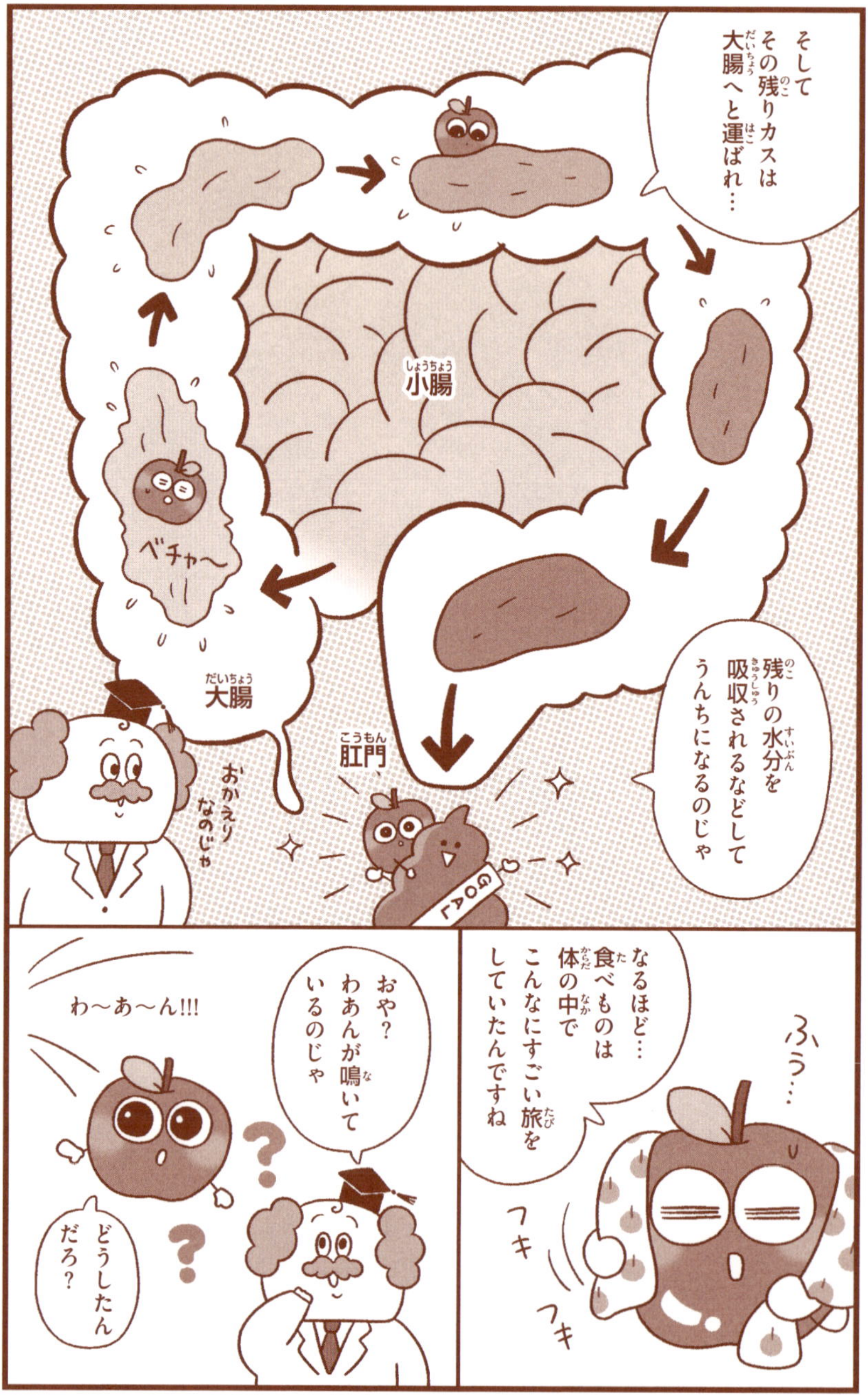

そして
その残《のこ》りカスは
大腸《だいちょう》へと運《はこ》ばれ…
小腸《しょうちょう》
ベチャ〜
大腸《だいちょう》
肛門《こうもん》
GOAL
おかえりなのじゃ
残《のこ》りの水分《すいぶん》を吸収《きゅうしゅう》されるなどしてうんちになるのじゃ
ふう…
なるほど…食《た》べものは体《からだ》の中《なか》でこんなにすごい旅《たび》をしていたんですね
フキ
フキ
わ〜あ〜ん!!!
おや？わあんが鳴《な》いているのじゃ
どうしたんだろ？

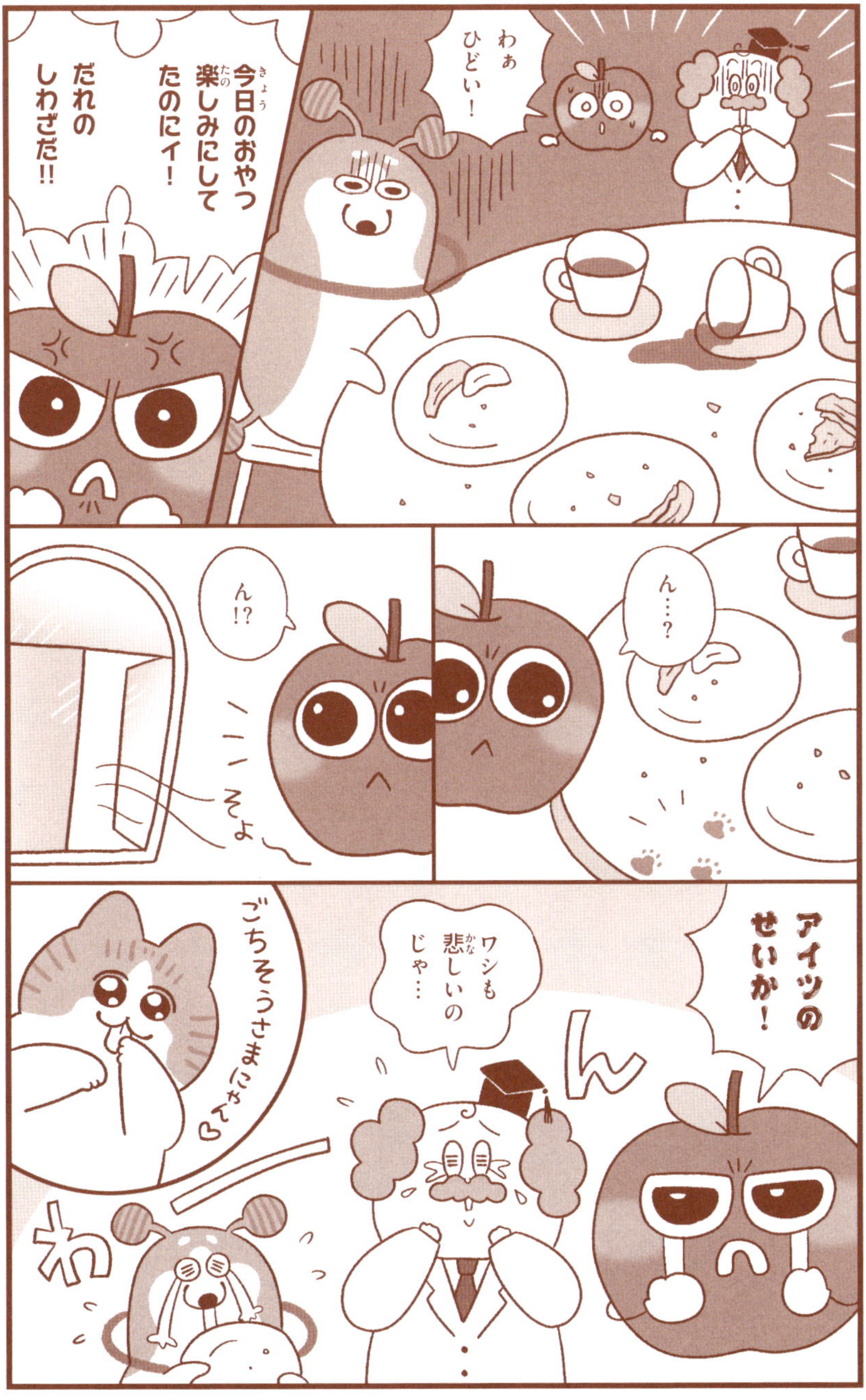
わぁ
ひどい！
今日《きょう》のおやつ楽《たの》しみにしてたのにイ！
だれのしわざだ!!
ん…？
ん!?
そよ
アイツのせいか！
ん
ワシも悲《かな》しいのじゃ…
ごちそうさまにゃて♡
わ

5 食《た》べものにふくまれる栄養素《えいようそ》の役割《やくわり》

食《た》べものには、さまざまな栄養《えいよう》素《そ》がふくまれています。栄養素《えいようそ》は大《おお》きく5つに分《わ》けられ、それぞれ役割《やくわり》がことなります。

❶糖質《とうしつ》、❷脂質《ししつ》、❸タンパク質《しつ》は、私《わたし》たちが活動《かつどう》するための「エネルギーのもと」となります。ふだんは糖質《とうしつ》が使《つか》われ、糖質《とうしつ》が足《た》りなくなると、脂質《ししつ》（もしくはタンパク質《しつ》）が使《つか》われます。

❸タンパク質《しつ》は、筋肉《きんにく》や内臓《ないぞう》、皮膚《ひふ》、髪《かみ》の毛《け》など、体《からだ》のあらゆる組織《そしき》をつくる材料《ざいりょう》になります。

❹ミネラルは、骨《ほね》や歯《は》などの材《ざい》料《りょう》となるほかに、「体《からだ》の機能《きのう》を調整《ちょうせい》する」「体内《たいない》でおこるさまざまな化《か》学反応《がくはんのう》をうながす『酵素《こうそ》』を助《たす》ける」などの役割《やくわり》があります。

❺ビタミンは、栄養素《えいようそ》からエネルギーをつくる、栄養素《えいようそ》から体《からだ》をつくるなどといった、体内《たいない》でおこる化学反応《かがくはんのう》を手助《てだす》けします。

ハカセMEMO《メモ》!

第《だい》6の栄養素《えいようそ》

キノコや海藻《かいそう》には「食物《しょくもつ》せんい」という栄養素《えいようそ》が多《おお》くふくまれるのじゃ。食《しょく》物《もつ》せんいは、人間《にんげん》の消化酵素《しょうかこうそ》では消化《しょうか》できないが、うんちをやわらかくする、腸《ちょう》にすむ細菌《さいきん》（善玉菌《ぜんだまきん》※）のエサになるなど、さまざまなよいはたらきをすることから、「第《だい》6の栄養素《えいようそ》」とよばれるゾ。

※68ページで、くわしくお話《はな》しします。

主《おも》な栄養素《えいようそ》とその役割《やくわり》

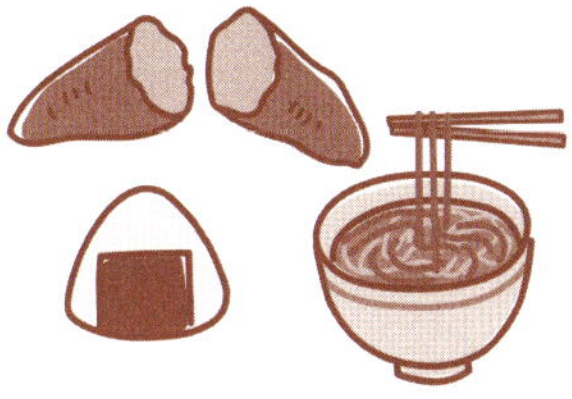

❶糖質《とうしつ》

オイル

❷脂質《ししつ》

❸タンパク質《しつ》

❹ミネラル

（カルシウム、リン、カリウム、ナトリウム、マグネシウム、鉄《てつ》、亜鉛《あえん》など）

❺ビタミン

（ビタミンA・C・D・E・K、ビタミンB群《ぐん》）

❶❷❸
活動《かつどう》するための
エネルギーの
もとなる

❸❹
体《からだ》をつくる

❹❺
体《からだ》の機能《きのう》を
正常《せいじょう》に保《たも》つ

糖質《とうしつ》
「すぐに使《つか》われる
エネルギー」

脂質《ししつ》
「体内《たいない》にためておいて、
いざというときに
使《つか》うエネルギー」

たとえば…

カルシウム
リンと結《むす》びついて、
骨《ほね》や歯《は》をつくる。

鉄《てつ》
赤血球《せっけっきゅう》の中《なか》で「ヘモグロビン」と結《むす》びついて、酸素《さんそ》を運《はこ》ぶ。

鉄《てつ》は体内《たいない》に
約《やく》３～５グラムあるんだって！
（100円玉《えんだま》１枚分《まいぶん》ほど）
100

なるほど理系脳《りけいのう》クイズ！

糖質《とうしつ》と食物《しょくもつ》せんいは、あわせて何《なん》とよばれる？　①炭水化物《たんすいかぶつ》　②サプリメント　③トクホ

6

知《し》らなかった…実《じつ》はすごい肝臓《かんぞう》

人体《じんたい》にくわしくない人《ひと》でも、心臓《しんぞう》や胃《い》などは、おおよその部分《ぶぶん》にあり、どんな形《かたち》をしていて、どのようなはたらきをするかを、頭《あたま》に思《おも》いうかべられるはずです。では、肝臓《かんぞう》はどうでしょう。

肝臓《かんぞう》はおなかの右側《みぎがわ》、胃《い》のとなりにあります（↓4～5ページ）。体内《たいない》で最《もっと》も大《おお》きい臓器《ぞうき》のひとつで、大人《おとな》の場合《ばあい》1～1.5キログラムほどの重《おも》さがあります（500ミリリットルのペットボトル、2～3本分《ぼんぶん》！）。

肝臓《かんぞう》には、主《おも》に「❶薬《くすり》やアルコールなどを分解《ぶんかい》する」「❷エネルギーを貯蔵《ちょぞう》する」「❸脂質《ししつ》の分解《ぶんかい》を助《たす》ける胆汁《たんじゅう》をつくり、分泌《ぶんぴつ》する」というはたらきがあります。

ほかにも、さまざまなはたらき（何百種類《なんびゃくしゅるい》もあるといわれている）をすることから、肝臓《かんぞう》は「体内《たいない》の化学工場《かがくこうじょう》」とよばれています。

ハカセMEMO《メモ》！

肝臓《かんぞう》は再生《さいせい》する

肝臓《かんぞう》は、とても高《たか》い再生能力《さいせいのうりょく》をもっているゾ。手術《しゅじゅつ》でその半分《はんぶん》を取《と》り除《のぞ》いたとしても、残《のこ》った肝臓《かんぞう》が健康《けんこう》であれば2週間《しゅうかん》ほどで元《もと》の大《おお》きさにもどるのじゃ。

沈黙《ちんもく》の臓器《ぞうき》

肝臓《かんぞう》は病気《びょうき》になっても（何《なに》かしらの障《しょう》害《がい》がおこっても）、痛《いた》みなどのしょうじょうがあらわれにくいのじゃ。このことから、「沈黙《ちんもく》の臓器《ぞうき》」とよばれるのじゃ。

肝臓《かんぞう》は「体内《たいない》の化学工場《かがくこうじょう》」

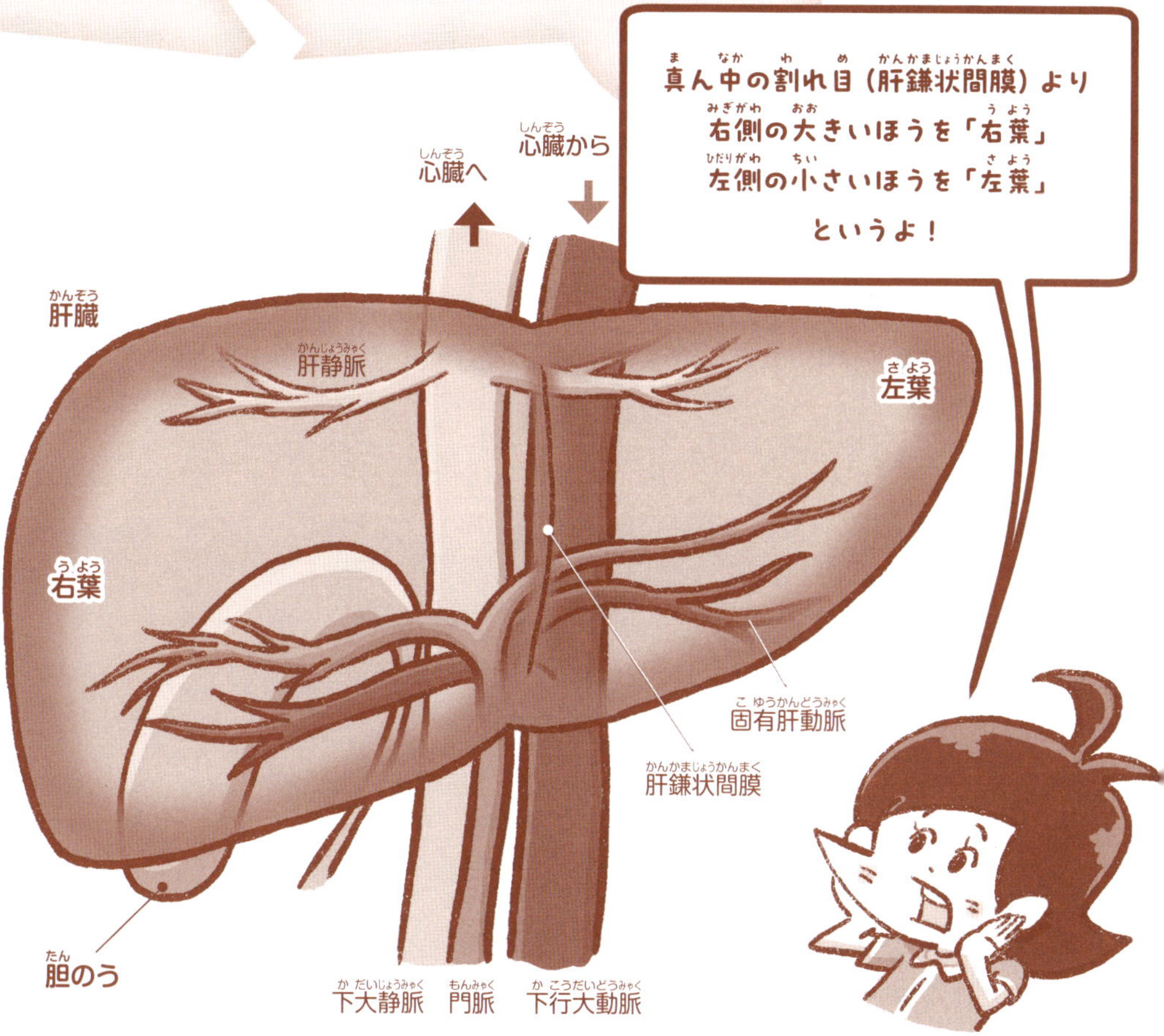

真《ま》ん中《なか》の割《わ》れ目《め》（肝鎌状間膜《かんかまじょうかんまく》）より
右側《みぎがわ》の大《おお》きいほうを「右葉《うよう》」
左側《ひだりがわ》の小《ちい》さいほうを「左葉《さよう》」
というよ！
心臓《しんぞう》から
心臓《しんぞう》へ
肝臓《かんぞう》
肝静脈《かんじょうみゃく》
左葉《さよう》
右葉《うよう》
固有肝動脈《こゆうかんどうみゃく》
肝鎌状間膜《かんかまじょうかんまく》
胆《たん》のう
下大静脈《かだいじょうみゃく》
門脈《もんみゃく》
下行大動脈《かこうだいどうみゃく》

肝臓《かんぞう》の主《おも》なはたらき

❶薬《くすり》やアルコールなどの分解《ぶんかい》

薬《くすり》やアルコールなど、体《からだ》にとって有害《ゆうがい》な物質《ぶっしつ》を分解《ぶんかい》し、無毒化《むどくか》する（分解《ぶんかい》された有害《ゆうがい》な物質《ぶっしつ》は、おしっことともに捨《す》てられる）。

❷エネルギーの貯蔵《ちょぞう》

体内《たいない》で使《つか》われずに余《あま》った糖質《とうしつ》は「グリコーゲン」という物質《ぶっしつ》にかえられ、肝臓《かんぞう》（や筋肉《きんにく》など）にたくわえられる。体内《たいない》でエネルギーが足《た》りなくなると、グリコーゲンが利用《りよう》される。

❸胆汁《たんじゅう》をつくり分泌《ぶんぴつ》する

肝臓《かんぞう》でつくられ、分泌《ぶんぴつ》された胆汁《たんじゅう》（→58ページ）は、「胆《たん》のう」にたくわえられる。

なるほど理系脳《りけいのう》クイズ！

ガチョウやアヒルの肝臓《かんぞう》は、何《なん》という食材《しょくざい》になる？　①フォアグラ　②エスカルゴ

7
教《おし》えてハカセ！
人間《にんげん》は、なぜ太《ふと》る？

　砂糖《さとう》がたくさん使《つか》われた、あまいお菓子《かし》ばかりを食《た》べていたら、大人《おとな》に「太《ふと》るからやめなさい」と注意《ちゅうい》されたことはありませんか？

　砂糖《さとう》は、エネルギーのもとなる「糖質《とうしつ》」のひとつです。65ページ❷で見《み》たように、体内《たいない》で使《つか》われずに余《あま》った糖質《とうしつ》は、「グリコーゲン」という物質《ぶっしつ》にかえられ、肝臓《かんぞう》や筋肉《きんにく》などにたくわえられます。

　しかし、たくわえられるグリコーゲンの量《りょう》は限《かぎ》られています。この量《りょう》をこえて糖質《とうしつ》をとりつづけると、糖質《とうしつ》は「中性脂肪《ちゅうせいしぼう》」にかえられ、体内《たいない》にたくわえられます。この、中性脂肪《ちゅうせいしぼう》がたくさんたまった状態《じょうたい》が「肥満《ひまん》」です。

　糖質《とうしつ》ではなく、脂質《ししつ》（あぶらを多《おお》くふくむ食《た》べもの）を必要以上《ひつよういじょう》にとりつづけた場合《ばあい》も、同《おな》じように中性脂肪《ちゅうせいしぼう》としてたくわえられます。

ハカセMEMO《メモ》！

ブタは太《ふと》っていない

体重《たいじゅう》にしめる脂肪《しぼう》の割合《わりあい》を「体脂肪率《たいしぼうりつ》」というゾ。人間《にんげん》（大人《おとな》の男性《だんせい》）で肥満《ひまん》とされるのは、体脂肪率《たいしぼうりつ》が25%《パーセント》以上《いじょう》の場合《ばあい》じゃ。一方《いっぽう》で、太《ふと》っているイメージのある「ブタ」の体脂肪率《たいしぼうりつ》は約《やく》15%《パーセント》。これは、人間《にんげん》でいうと“細《ほそ》マッチョ”くらいスリムなのじゃ。

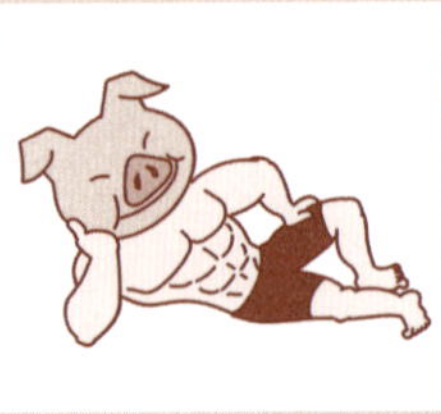

クイズの答《こた》え：P65➡①

「肥満《ひまん》」ってどんな状態《じょうたい》？

ふつうの人《ひと》

❶体内《たいない》で中性脂肪《ちゅうせいしぼう》をたくわえる「白色《はくしょく》脂肪細胞《しぼうさいぼう》」。

(→)

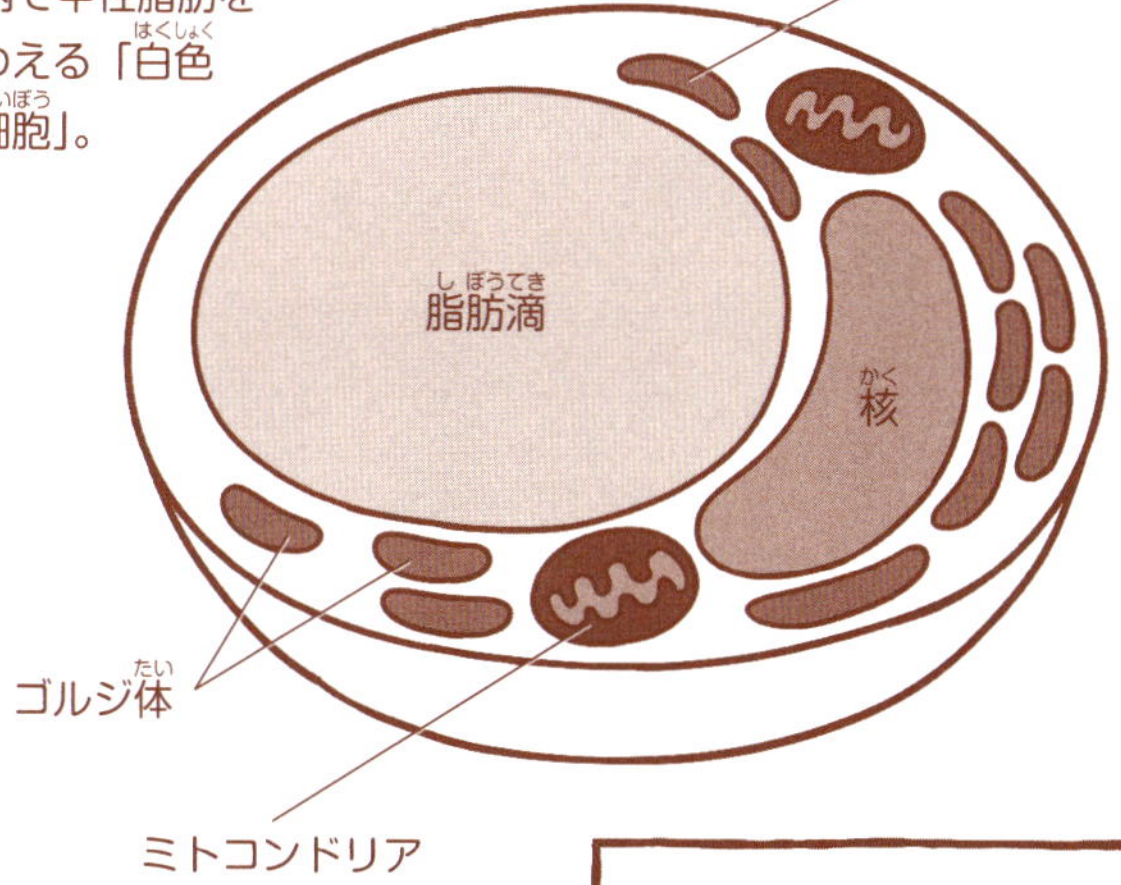

❷中性脂肪《ちゅうせいしぼう》がたまると、脂肪滴《しぼうてき》が大《おお》きくなる。これにより、白色脂肪細胞《はくしょくしぼうさいぼう》の体積《たいせき》は約《やく》３倍《ばい》になる！

肥満《ひまん》の人《ひと》

❸さらに肥満《ひまん》が進《すす》むと、今度《こんど》は白色脂肪細胞《はくしょくしぼうさいぼう》の数《かず》がふえていく。

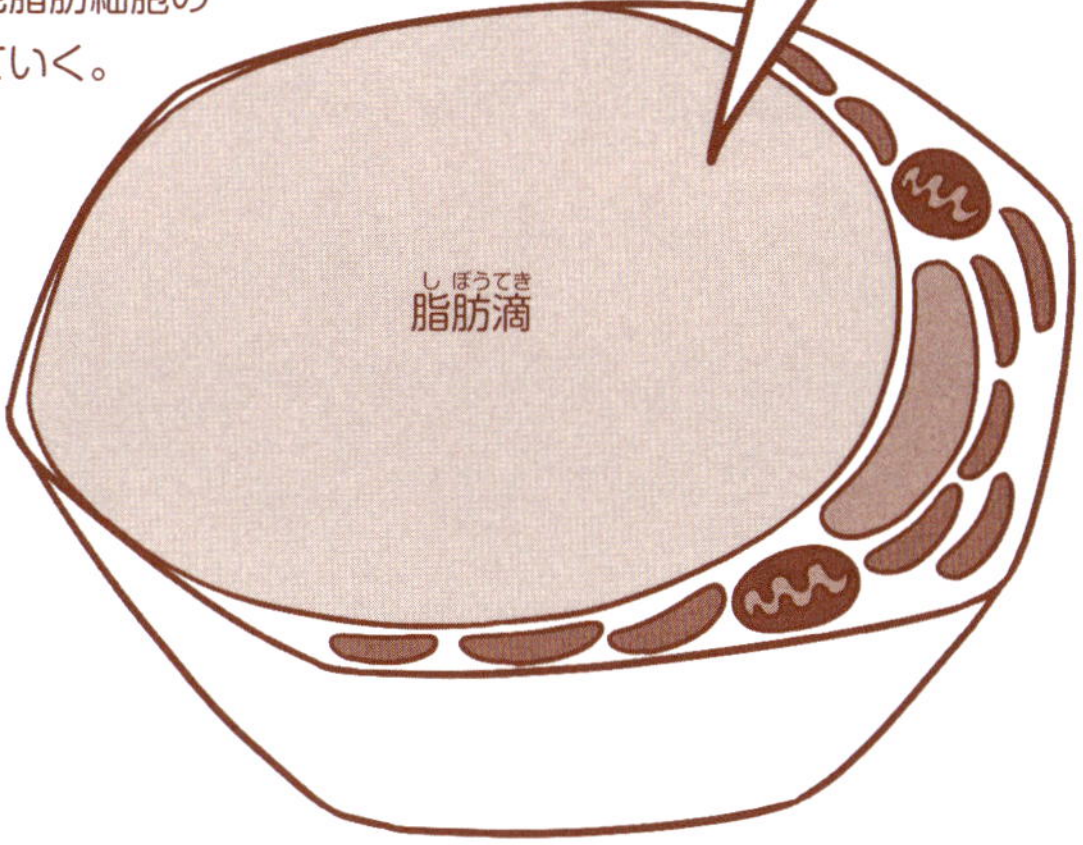

なるほど理系脳《りけいのう》クイズ！

大人《おとな》の女性《じょせい》で肥満《ひまん》とされるのは、体脂肪率《たいしぼうりつ》が何%《なんパーセント》以上《いじょう》？　①5　②30　③90

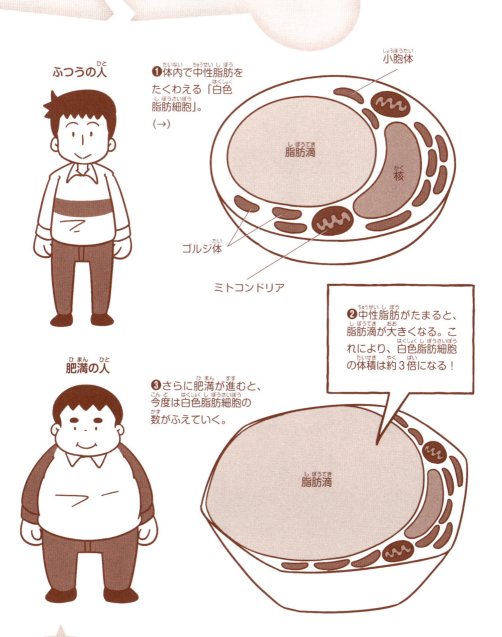

8

おなかの中《なか》にいる… 100兆《ちょう》個《こ》以上《いじょう》の細菌《さいきん》

腸《ちょう》は大《おお》きく「小腸《しょうちょう》」と「大腸《だいちょう》」に分《わ》けられます。小腸《しょうちょう》の主《おも》な役割《やくわり》は、食《た》べものにふくまれる栄養素《えいようそ》や水分《すいぶん》の吸収《きゅうしゅう》、大腸《だいちょう》の主《おも》な役割《やくわり》はうんちをつくることです。

大腸《だいちょう》では、うんちをつくる際《さい》、「小腸《しょうちょう》で分解《ぶんかい》・吸収《きゅうしゅう》できなかった残《のこ》りカス」の分解《ぶんかい》や、余分《よぶん》な水分《すいぶん》の吸収《きゅうしゅう》が行《おこな》われます。この分解《ぶんかい》を担当《たんとう》するのが「腸内細菌《ちょうないさいきん》」です。

腸《ちょう》（とくに大腸《だいちょう》）には、非常《ひじょう》に多《おお》くの腸内細菌《ちょうないさいきん》がすみついています。大人《おとな》の場合《ばあい》、その数《かず》は100兆個以上《ちょうこいじょう》、種類《しゅるい》は1000をこえるといわれています（重《おも》さにして約《やく》1.5キログラムにもなる）。

腸内細菌《ちょうないさいきん》は、「善玉菌《ぜんだまきん》」「悪玉菌《あくだまきん》」「日和見菌《ひよりみきん》」に分《わ》けられます。これらが理想的《りそうてき》なバランス※で存在《そんざい》する（はたらく）と、健康《けんこう》なうんちが出《で》るなど、体《からだ》にさまざまな「よいえいきょう」をおよぼすと考《かんが》えられています。

※善玉菌《ぜんだまきん》20%《パーセント》、悪玉菌《あくだまきん》10%《パーセント》、日和見菌《ひよりみきん》70%《パーセント》。

ハカセMEMO《メモ》!

腸《ちょう》に広《ひろ》がる花畑《はなばたけ》

腸内細菌《ちょうないさいきん》は、同《おな》じ種類《しゅるい》ごとにかたまり、腸内《ちょうない》のあちこちに広《ひろ》がって存在《そんざい》しているのじゃ。このようすは、花畑《はなばたけ》（Flora《フローラ》）のように見《み》えることから「腸内《ちょうない》フローラ」とよばれるゾ（右《みぎ》のイラストはイメージ）。

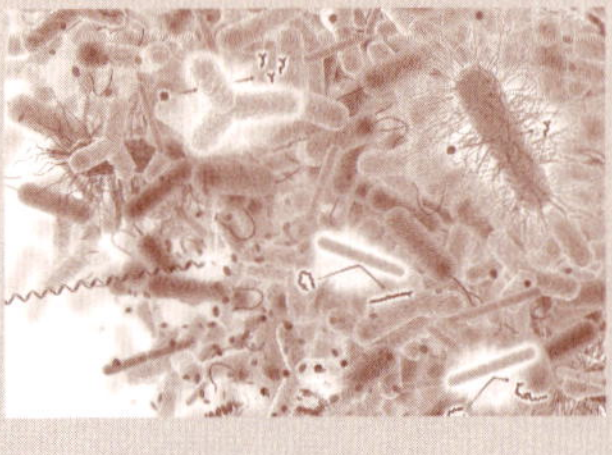

クイズの答《こた》え：P67➡②

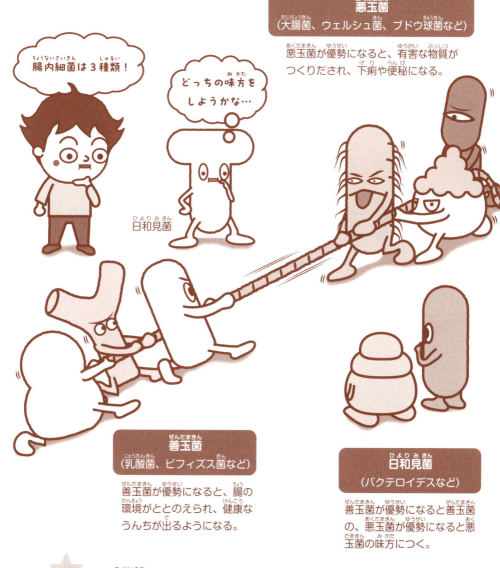

腸《ちょう》にすむ腸内細菌《ちょうないさいきん》たち

悪玉菌《あくだまきん》
（大腸菌《だいちょうきん》、ウェルシュ菌《きん》、ブドウ球菌《きゅうきん》など）

悪玉菌《あくだまきん》が優勢《ゆうせい》になると、有害《ゆうがい》な物質《ぶっしつ》がつくりだされ、下痢《げり》や便秘《べんぴ》になる。

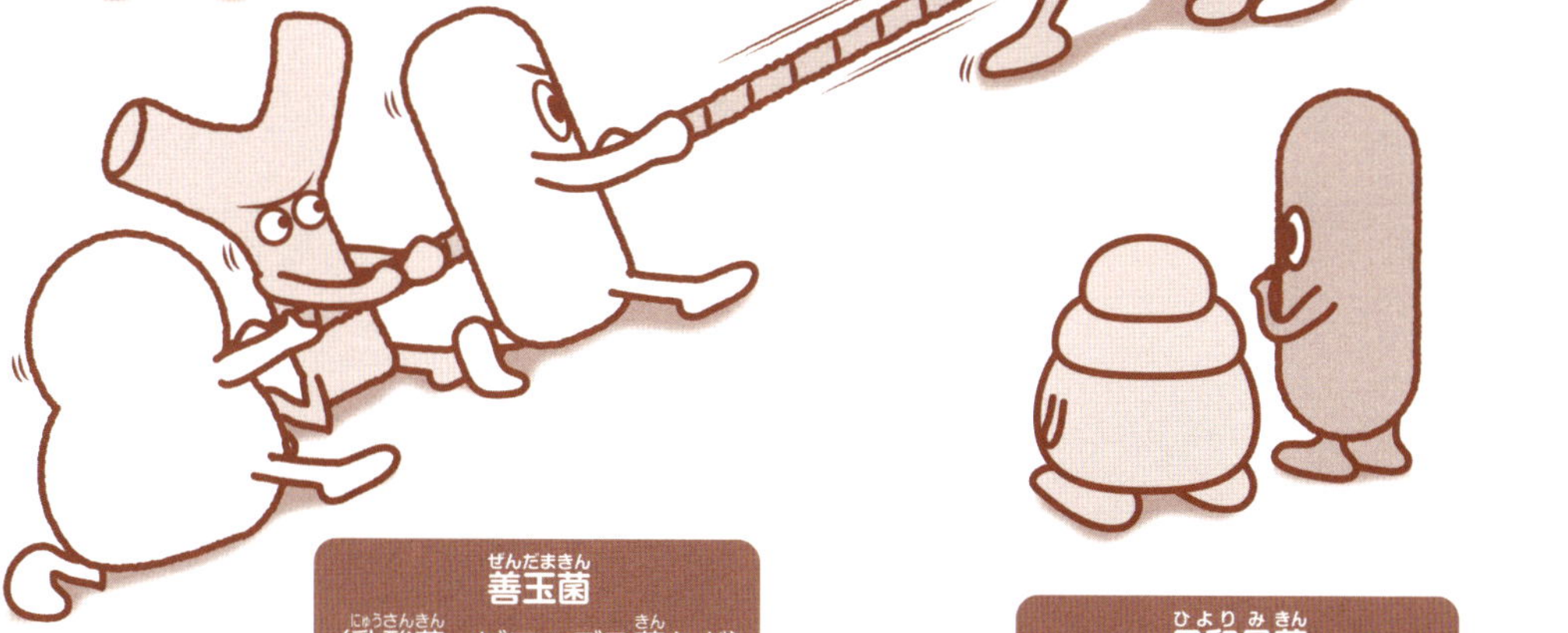

善玉菌《ぜんだまきん》
（乳酸菌《にゅうさんきん》、ビフィズス菌《きん》など）

善玉菌《ぜんだまきん》が優勢《ゆうせい》になると、腸《ちょう》の環境《かんきょう》がととのえられ、健康《けんこう》なうんちが出《で》るようになる。

日和見菌《ひよりみきん》
（バクテロイデスなど）

善玉菌《ぜんだまきん》が優勢《ゆうせい》になると善玉菌《ぜんだまきん》の、悪玉菌《あくだまきん》が優勢《ゆうせい》になると悪《あく》玉菌《だまきん》の味方《みかた》につく。

なるほど理系脳《りけいのう》クイズ！
悪玉菌《あくだまきん》がつくりだす、おならのにおいの原因《げんいん》のひとつとなるガスは？　①二酸化炭素《にさんかたんそ》　②硫化水素《りゅうかすいそ》

9

水分《すいぶん》をとらなくても…おしっこは出《で》る！

大人《おとな》の場合《ばあい》、1日約《にちやく》1～1.5リットルの「おしっこ」をします。このほかに、うんちと一緒《いっしょ》に1日約《にちやく》200ミリリットルの水分《すいぶん》が、また皮膚《ひふ》の表面《ひょうめん》からの蒸発《じょうはつ》や、呼吸《こきゅう》などにより、1日約《にちやく》900ミリリットルの水分《すいぶん》が、体外《たいがい》に出《で》ていきます。

水《みず》をたくさん飲《の》んだり、水分《すいぶん》を多《おお》くふくむものを食《た》べたりすると、ふだんより、おしっこの量《りょう》や、おしっこに行《い》く回数《かいすう》がふえることがあります。しかし不思議《ふしぎ》なことに、たとえ水分《すいぶん》をまったくとらなくても、おしっこは少《すこ》し出《で》ます。

これは、水分《すいぶん》をとらなくても（飲《の》んだり食《た》べたりしなくても）、体《からだ》の中《なか》で栄養素《えいようそ》を分解《ぶんかい》してエネルギーをつくりだすときに、水《みず》がつくられるためです。

なお、おしっこには「体内《たいない》にたまったゴミ（老廃物《ろうはいぶつ》）を、体外《たいがい》に捨《す》てる」という役割《やくわり》もあります。

ハカセMEMO《メモ》！

水《みず》の出入《でい》り

■体《からだ》が取《と》り入《い》れる水《みず》

・飲《の》み水《みず》……約《やく》1～1.5リットル
・食事《しょくじ》………約《やく》800ミリリットル
・体内《たいない》でつくられる水《みず》………約《やく》300ミリリットル

■体《からだ》から出《で》ていく水《みず》

・おしっこ……約《やく》1～1.5リットル
・うんち………約《やく》200ミリリットル
・皮膚《ひふ》からの蒸発《じょうはつ》や呼吸《こきゅう》などで失《うしな》われる分《ぶん》………………約《やく》900ミリリットル

クイズの答《こた》え：P69➡②

おしっこは、こうしてつくられる

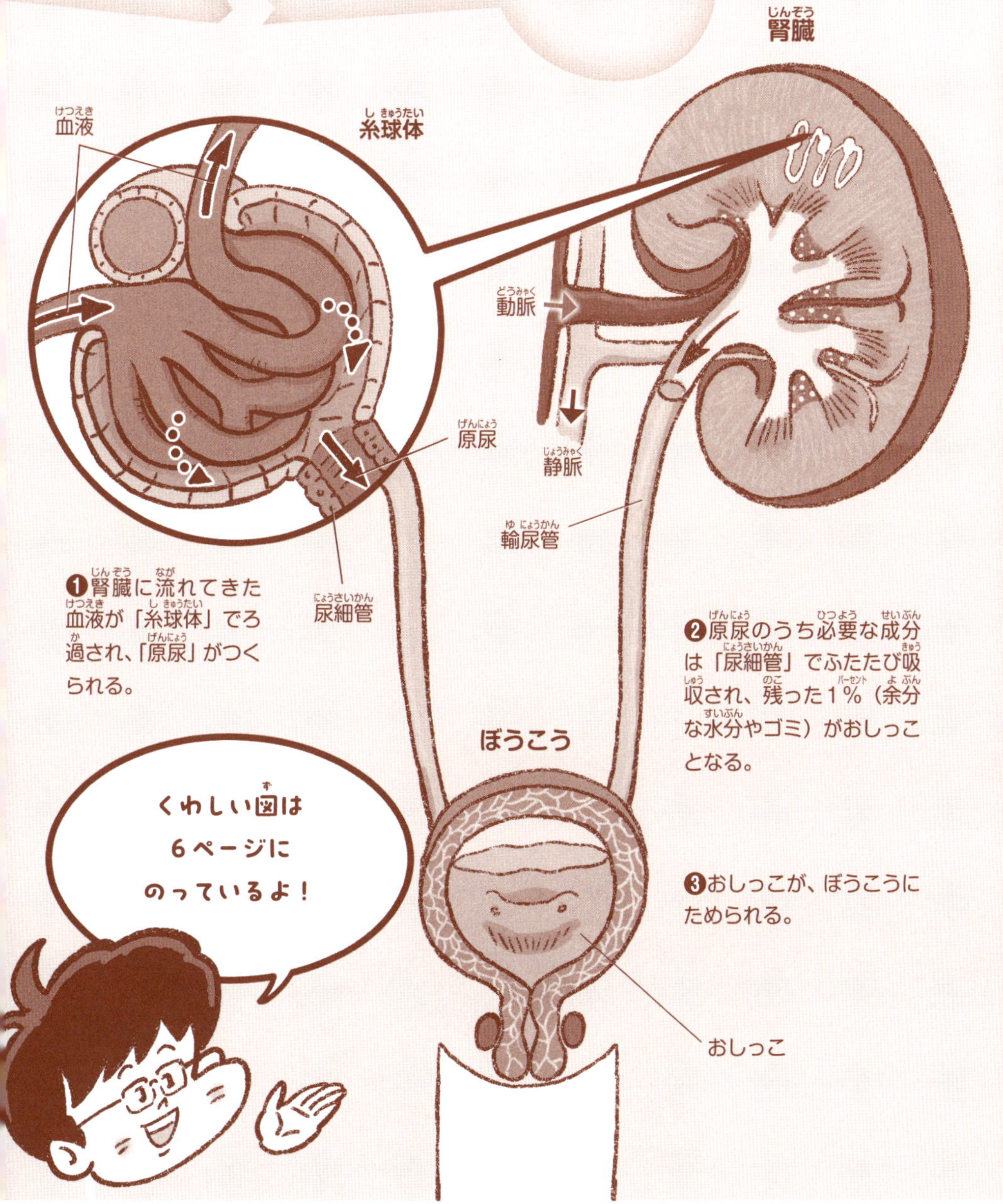

❶腎臓《じんぞう》に流《なが》れてきた血液《けつえき》が「糸球体《しきゅうたい》」でろ過《か》され、「原尿《げんにょう》」がつくられる。

❷原尿《げんにょう》のうち必要《ひつよう》な成分《せいぶん》は「尿細管《にょうさいかん》」でふたたび吸収《きゅうしゅう》され、残《のこ》った1％《パーセント》（余分《よぶん》な水分《すいぶん》やゴミ）がおしっことなる。

❸おしっこが、ぼうこうにためられる。

なるほど理系脳《りけいのう》クイズ！

腎臓《じんぞう》の大《おお》きさをたとえると？　①にぎりこぶしくらい　②足《あし》の裏《うら》くらい

ハカセの一《ひと》言《こと》!

☆★ おしっこの、がまんの限界《げんかい》は？ ★☆

大人《おとな》の男性《だんせい》の場合《ばあい》は500ミリリットルほど、大人《おとな》の女性《じょせい》の場合《ばあい》は400ミリリットルほどのおしっこを、ぼうこうにためることができるゾ。

ぼうこうに200～300ミリリットルほどおしっこがたまると、ワシらは「トイレに行《い》きたい！」と感《かん》じるのじゃ。

ちなみに、がまんすれば700ミリリットルほどのおしっこを、ぼうこうにためることができるゾ！

3 章《しょう》

すごい感《かん》覚《かく》器《き》官《かん》

60秒《びょう》でわかる すごい感覚器官《かんかくきかん》

私《わたし》たちは、光《ひかり》や音《おと》、温度《おんど》など、体《からだ》の外《そと》からの情報《じょうほう》をとらえる、さまざまな「感覚器官《かんかくきかん》」をもっているんだ。人間《にんげん》の感覚器官《かんかくきかん》には、目《め》、耳《みみ》、鼻《はな》、舌《した》、皮《ひ》膚《ふ》などがあるよ！

人間《にんげん》が最《もっと》も感《かん》じやすい味《あじ》

（→84ページ）

くさい汗《あせ》・くさくない汗《あせ》

（→86ページ）

乗《の》りもの酔《よ》いは、なぜおこる？

（→80ページ）

もし、指紋《しもん》がなかったら… （→88ページ）

指《ゆび》は「第《だい》2の脳《のう》」（→90ページ）

水中《すいちゅう》では、音《おと》は聞《き》こえにくい
（→78ページ）

「痛《いた》いの痛《いた》いの」は飛《と》んでいく
（→92ページ）

目《め》だけでは見《み》えない!?
（→76ページ）

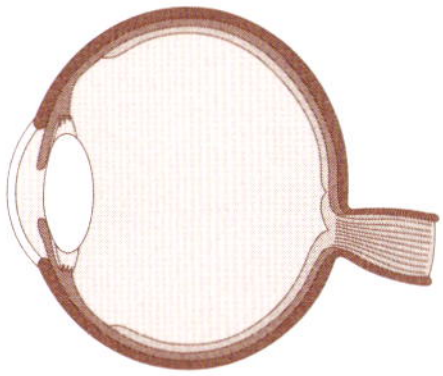

においをかぎ分《わ》けるしくみ
（→82ページ）

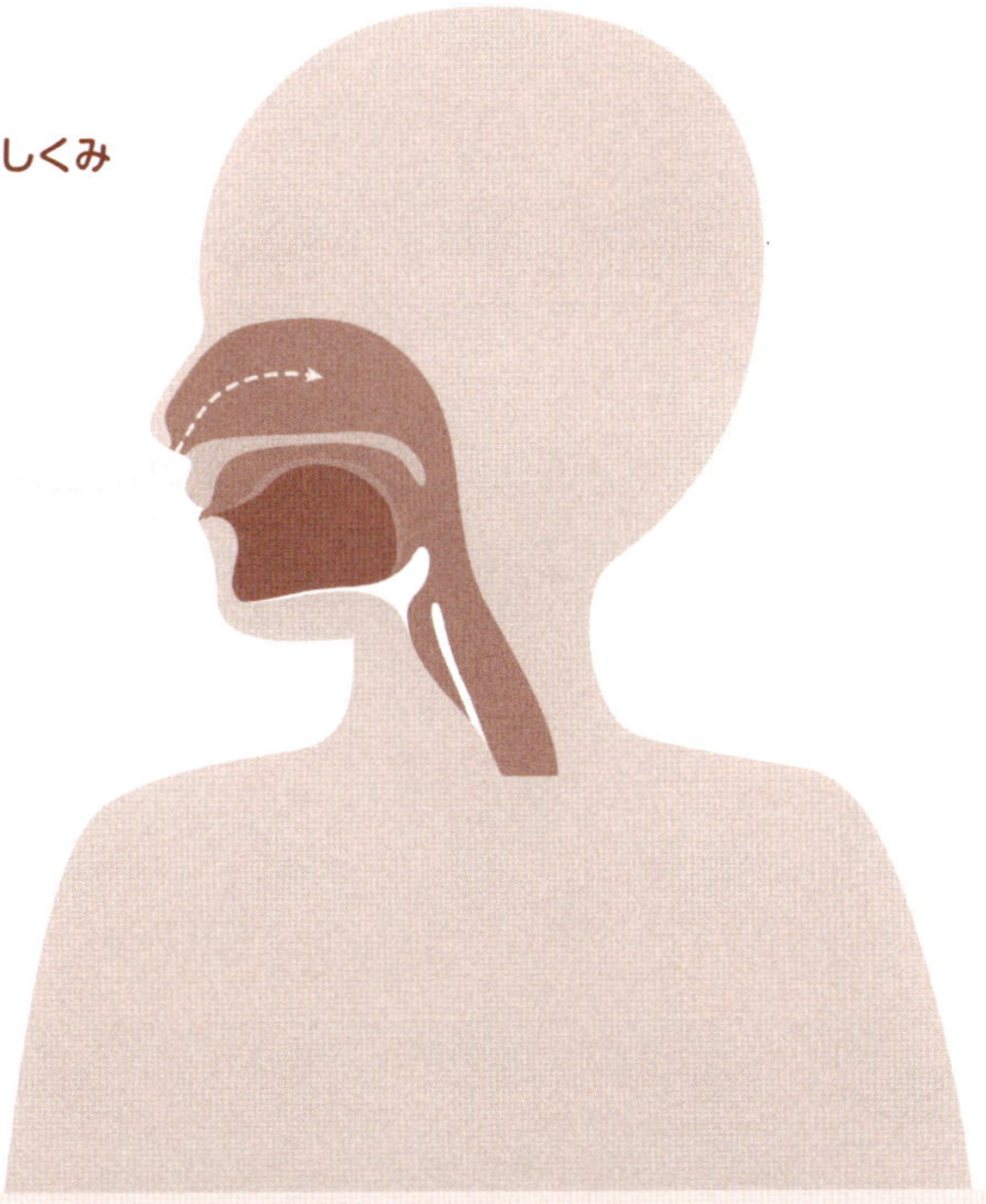

1 えっ…目《め》だけでは見《み》えない!?

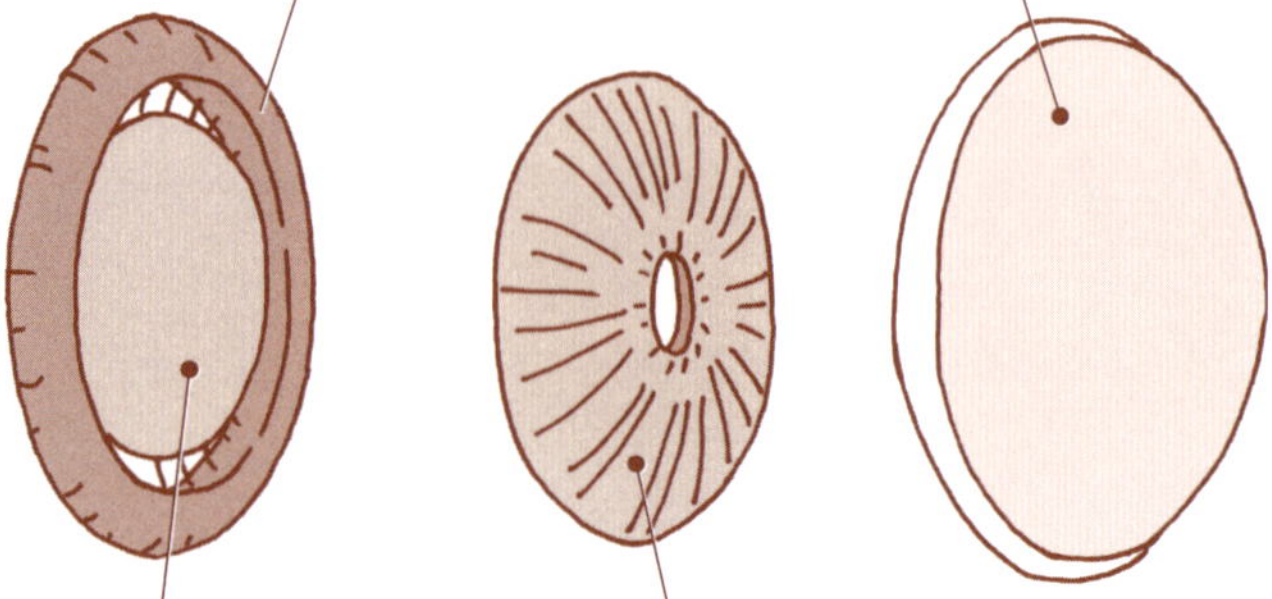

❶角膜《かくまく》
“黒目《くろめ》”の部分《ぶぶん》。光《ひかり》を集《あつ》め、眼球《がんきゅう》の内部《ないぶ》へと導《みちび》く。
毛様体《もうようたい》
水晶体《すいしょうたい》の厚《あつ》みをかえる。
❸水晶体《すいしょうたい》
入《はい》ってくる光《ひかり》を曲《ま》げる。また、厚《あつ》みをかえることで、ピントを調節《ちょうせつ》する。
❷虹彩《こうさい》
中央《ちゅうおう》にある「瞳孔《どうこう》」の大《おお》きさをかえて、入《はい》ってくる光《ひかり》の量《りょう》を調節《ちょうせつ》する。

レストランで料理《りょうり》を運《はこ》ぶロボットがぶつからずに動《うご》けるのは、カメラやセンサーを使《つか》って、まわりのじょうきょうを、つねにとらえているためです。

私《わたし》たち人間《にんげん》も、同様《どうよう》のはたらきをする感覚器官《かんかくきかん》をもっています。それは「目《め》」です。目《め》は、ものの色《いろ》や形《かたち》を、光《ひかり》のしげき（情報《じょうほう》）として取《と》り入《い》れます。

「角膜《かくまく》」で集《あつ》められた光《ひかり》は…❶、「虹彩《こうさい》」でその量《りょう》が調節《ちょうせつ》され…❷、「水晶体《すいしょうたい》」で曲《ま》げられ…❸、「網膜《もうまく》」に届《とど》けられます…❹。網膜《もうまく》は、とらえた光《ひかり》を電気信号《でんきしんごう》にかえて、脳《のう》に送《おく》ります…❺。

デジカメに似《に》た目《め》のしくみ

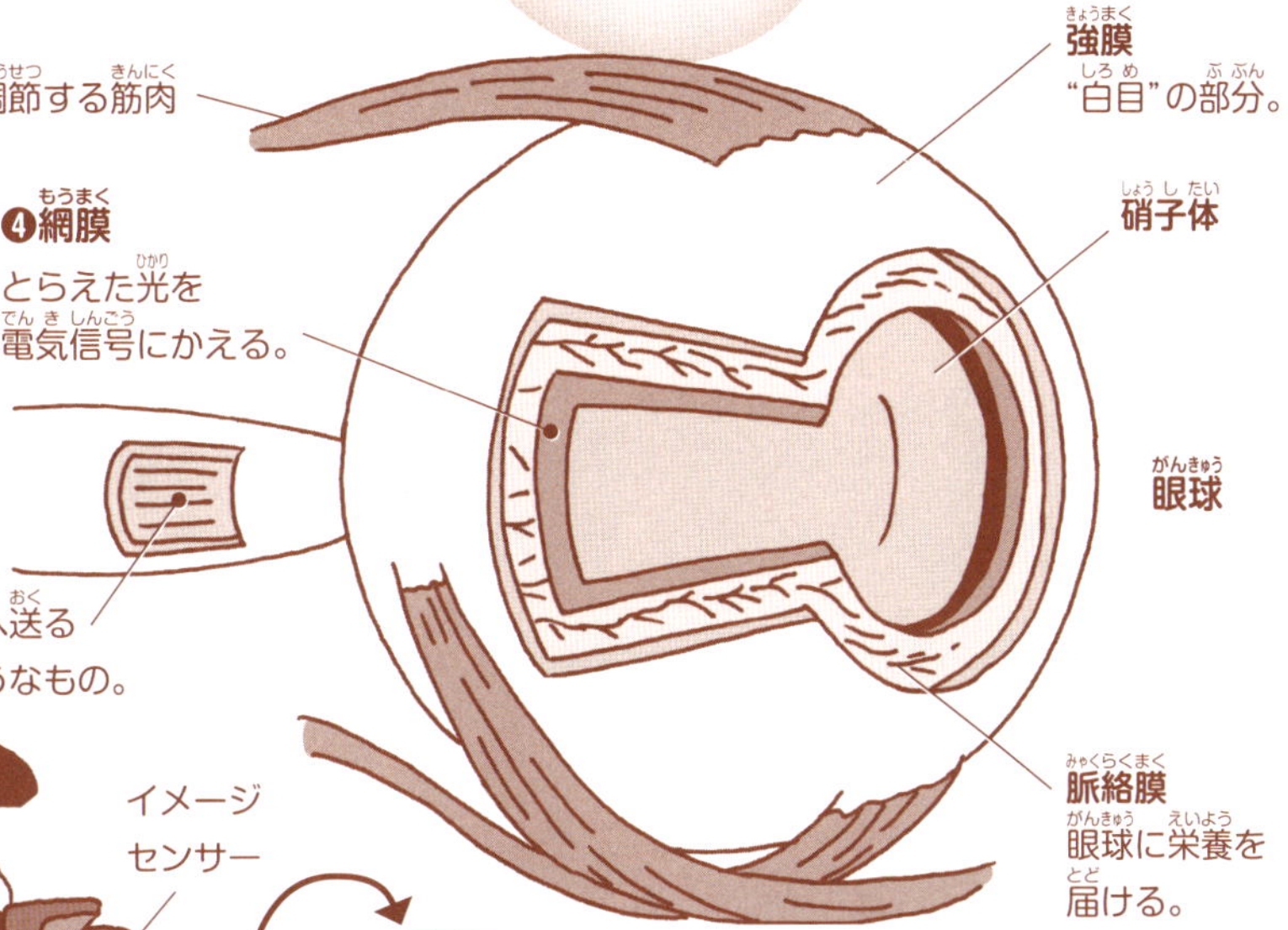

眼筋《がんきん》
眼球《がんきゅう》の向《む》きを調節《ちょうせつ》する筋肉《きんにく》
（全部《ぜんぶ》で６本《ぼん》）。
❹網膜《もうまく》
とらえた光《ひかり》を
電気信号《でんきしんごう》にかえる。
❺視神経《ししんけい》
電気信号《でんきしんごう》を脳《のう》へ送《おく》る
ケーブルのようなもの。
強膜《きょうまく》
“白目《しろめ》”の部分《ぶぶん》。
硝子体《しょうしたい》
眼球《がんきゅう》
脈絡膜《みゃくらくまく》
眼球《がんきゅう》に栄養《えいよう》を
届《とど》ける。

イメージ
センサー
しぼり
レンズ

デジタルカメラでは、❶❸が「レンズ」、❷は「しぼり」、❹は「イメージセンサー」。

ハカセMEMO《メモ》！

イヌやネコが見《み》る世界《せかい》はちがう色《いろ》をしている

ワシらの目《め》には、３種類《しゅるい》の“色《いろ》をとらえるセンサー”があるのじゃ（青《あお》、緑《みどり》、赤《あか》）。一方《いっぽう》、イヌやネコなどは、このセンサーが２種類《しゅるい》しかないため（青《あお》、赤《あか》）、ワシらとはことなる色《いろ》のついた世界《せかい》を見《み》ているのじゃ。

なお、目《め》はあくまで光《ひかり》をとらえる部分《ぶぶん》で、その情報《じょうほう》がどのようなものであるかを〝理解《りかい》〟するのは脳《のう》です（＝目《め》だけでは、ものは見《み》えない）。これは、耳《みみ》や鼻《はな》、舌《した》、皮《ひ》膚《ふ》など、ほかの感覚器官《かんかくきかん》でも同《おな》じです。

なるほど理系脳《りけいのう》クイズ！

ネコの視力《しりょく》は、どれくらいとされている？　①0.1～0.2　②1.5　③7.0

②

どうして？ 水中《すいちゅう》では、音《おと》は聞《き》こえにくい

私《わたし》たちはプールにもぐると、プールの外《そと》の音《おと》がほとんど聞《き》こえなくなります。これは、音《おと》の正体《しょうたい》が「空気《くうき》の波《なみ》」であるためです。空気《くうき》の波《なみ》の多《おお》くが水面《すいめん》ではね返《かえ》され、水中《すいちゅう》に届《とど》かないのです※。

耳《みみ》は音《おと》（空気《くうき》の波《なみ》）を、どのようにとらえているのでしょうか。

「❶耳介《じかい》」で集《あつ》められた空気《くうき》の波《なみ》は、そのおくにある「❷鼓膜《こまく》」をふるえさせます。ふるえは「❸耳小骨《じしょうこつ》」を伝《つた》わり、「❹蝸牛《かぎゅう》」の中《なか》にある「有毛細胞《ゆうもうさいぼう》」にとらえられます。有毛細胞《ゆうもうさいぼう》はこれを電気信号《でんきしんごう》にかえて、脳《のう》に伝《つた》えます。こうして私《わたし》たちは、音《おと》を認識《にんしき》します。

鼓膜《こまく》のふるえは、「ツチ骨《こつ》」と「キヌタ骨《こつ》」がてこのように動《うご》いたり、「アブミ骨《こつ》」がふるえを集《あつ》めたりすることで、約《やく》20倍《ばい》になります。このしくみにより、私《わたし》たちは木《こ》の葉《は》のふれあうような小《ちい》さな音《おと》も、聞《き》くことができます。

※水中《すいちゅう》で鳴《な》った音《おと》は聞《き》こえる（音波《おんぱ》となって届《とど》くため）。

ハカセ MEMO《メモ》!

デシベル

「デシベル（dB）」とは、音《おと》の大《おお》きさをあらわす単位《たんい》じゃ。人間《にんげん》が聞《き》くことのできる最《もっと》も小《ちい》さい音《おと》が、きじゅんの「0デシベル」とされているゾ（＝図書《としょ》館《かん》の室内音《しつないおん》の約《やく》100分《ぶん》の1にあたる）。

なお、100デシベルをこえる音《おと》を受《う》けつづけると、ワシらは聴力《ちょうりょく》を失《うしな》うおそれがあるのじゃ。

空気《くうき》の波《なみ》をとらえる耳《みみ》

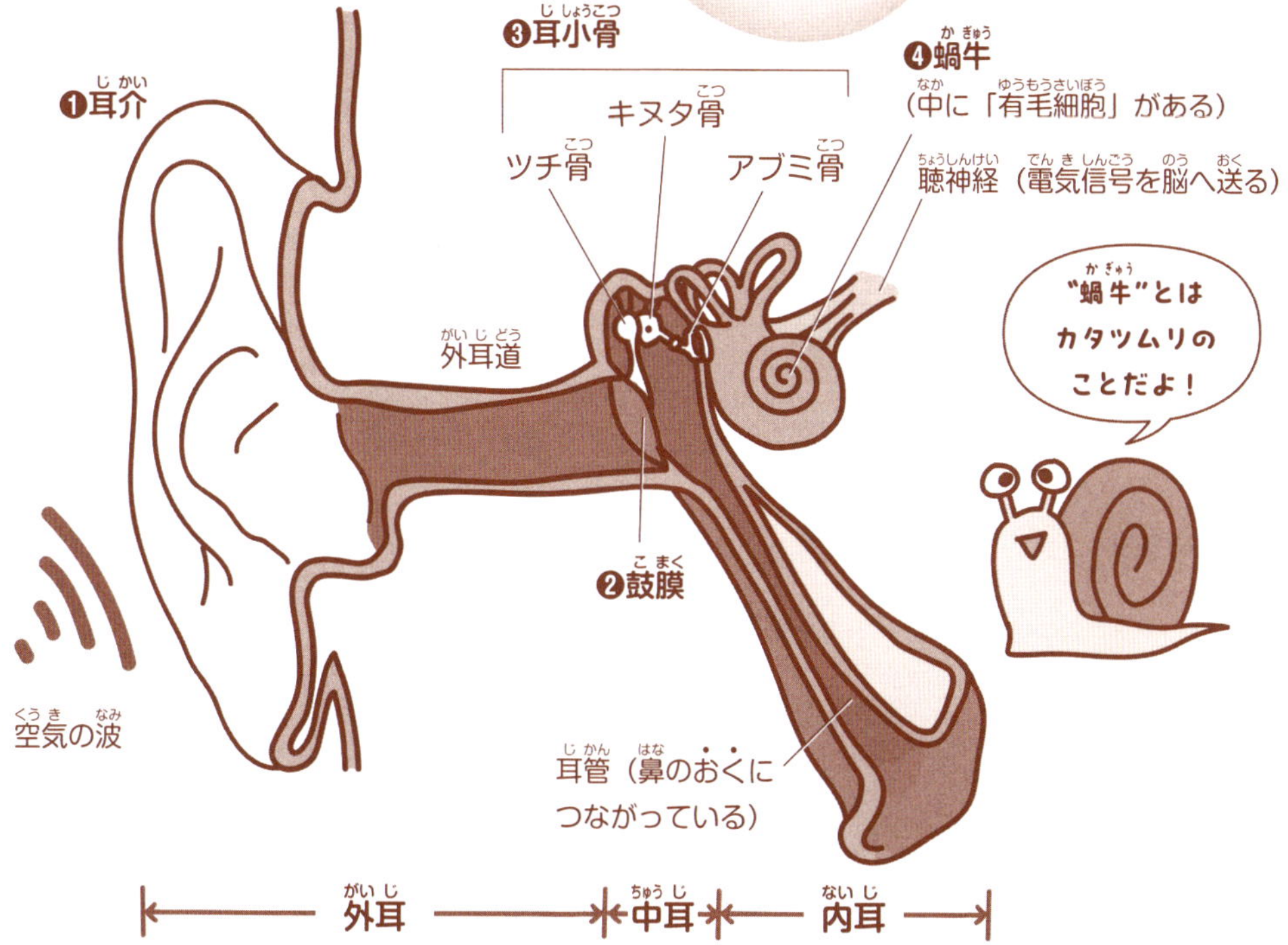

プールにもぐると、空気《くうき》の波《なみ》が
届《とど》きにくくなるので、プールの
外《そと》の音《おと》はほとんど聞《き》こえない。

なるほど理系脳《りけいのう》クイズ！

次《つぎ》のうち、100デシベルの音《おと》の例《れい》は？　①電車《でんしゃ》が通《とお》るときのガード下《した》　②セミの鳴《な》き声《ごえ》

3

どうにかして～

乗《の》りもの酔《よ》いは、なぜおこる？

車《くるま》や船《ふね》などに乗《の》ったとき、私《わたし》たちは「乗《の》りもの酔《よ》い」を経験《けいけん》することがあります。乗《の》りもの酔《よ》いには、感覚器官《かんかくきかん》（とくに耳《みみ》・目《め》）と脳《のう》が関係《かんけい》していると考《かんが》えられています。

今《いま》、みなさんは、車《くるま》の後部座席《こうぶざせき》に乗《の》っているとしましょう。車《くるま》がカーブにさしかかると、耳《みみ》から「体《からだ》が動《うご》いている」という情報《じょうほう》が、脳《のう》に届《とど》きます。

一方《いっぽう》で、目《め》は車内《しゃない》をとらえているので、「体《からだ》は動《うご》いていない」という情報《じょうほう》が脳《のう》に届《とど》きます。このズレにより脳《のう》が混乱《こんらん》し、私《わたし》たちは酔《よ》ってしまうというわけです。

〝酔《よ》い〟が生《しょう》じるのは、乗《の》りものだけではありません。宇宙《うちゅう》のような無重力空間《むじゅうりょくくうかん》では、耳《みみ》の「耳石器《じせっき》」は体《からだ》のかたむきをとらえることができないのに対《たい》し、目《め》と、耳《みみ》の「半《はん》規管《きかん》」は、かたむいているという情報《じょうほう》を脳《のう》に伝《つた》えるため、気持《きも》ち悪《わる》くなります（宇宙酔《うちゅうよ》い）。

ハカセ MEMO《メモ》!

陸《りく》で乗《の》りもの酔《よ》い？

長《なが》い間《あいだ》船《ふね》に乗《の》っていると、船《ふね》の動《うご》きが脳《のう》にきおくされ、しだいに酔《よ》わなくなるのじゃ。しかし、航《こう》海《かい》を終《お》えて陸《りく》に上《あ》がると「船《ふね》の上《うえ》でのきおくとはことなる動《うご》き」が脳《のう》に伝《つた》わることになり、酔《よ》ってしまうのじゃ。これを「陸酔《おかよ》い」というゾ。

乗《の》りもの酔《よ》いがおきるしくみ

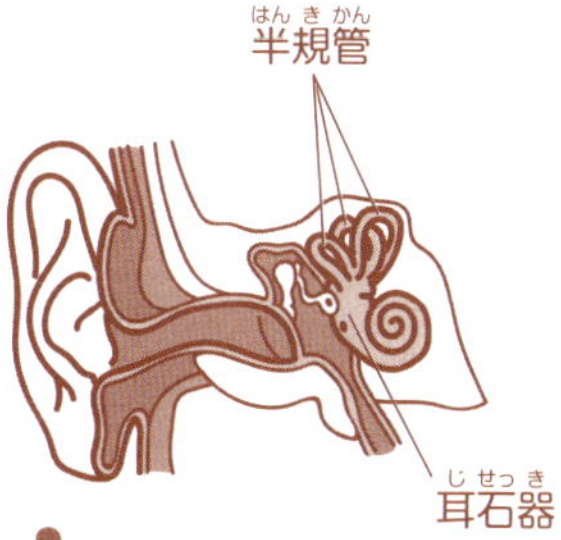

半規管《はんきかん》

「三半規管《さんはんきかん》」ともよばれる。体《からだ》の回転方向《かいてんほうこう》と、その速《はや》さをとらえる。

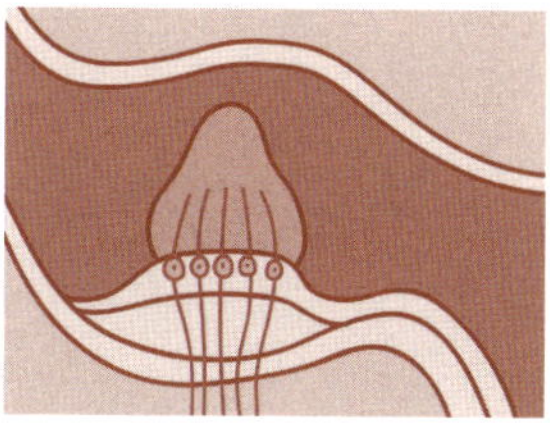

耳石器《じせっき》

水平方向《すいへいほうこう》もしくは垂直方向《すいちょくほうこう》の、体《からだ》の動《うご》きをとらえる。

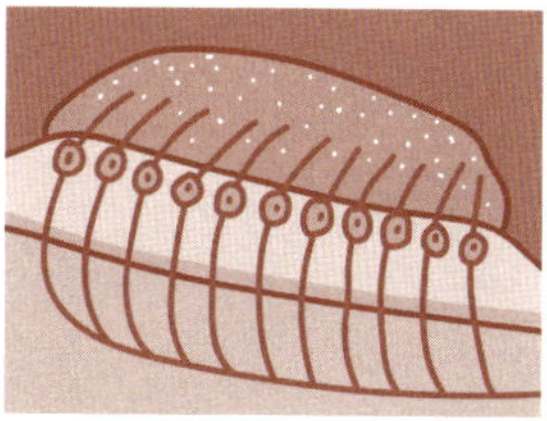

耳《みみ》からの情報《じょうほう》

その他《た》の情報《じょうほう》

(耳《みみ》からくる「音《おと》の動《うご》き」、関節《かんせつ》からくる「体《からだ》の動《うご》きや姿勢《しせい》」など)

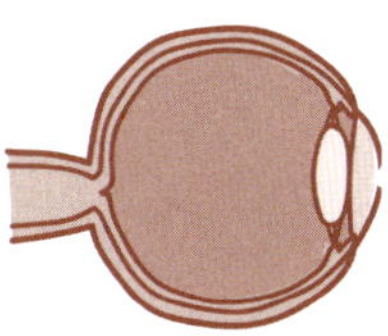

目《め》からの情報《じょうほう》

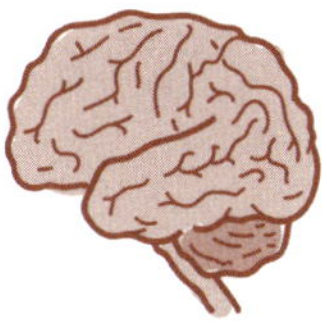

過去《かこ》のきおく

- 感覚器官《かんかくきかん》から得《え》た情報《じょうほう》にズレがあると酔《よ》う。
  (例《れい》：車酔《くるまよ》い、船酔《ふなよ》い、宇宙酔《うちゅうよ》いなど)
- 過去《かこ》のきおくと、ことなる動《うご》きを感《かん》じると酔《よ》う。
  (例《れい》：陸酔《おかよ》いなど)

なるほど理系脳《りけいのう》クイズ！

次《つぎ》のうち、実際《じっさい》にあるとされるものは？　①昼寝酔《ひるねよ》い　②勉強酔《べんきょうよ》い　③ラクダ酔《よ》い

4 すごいぞ！ においをかぎ分《わ》けるしくみ

私《わたし》たちはどのように、においをかぎ分《わ》けているのでしょうか。

私《わたし》たちがくんくんとにおいをかぐと、鼻《はな》のおくに広《ひろ》がる「鼻腔《びくう》」という空間《くうかん》に、目《め》に見《み》えない小《ちい》さなにおいのつぶをふくむ空気《くうき》が、勢《いきお》いよく流《なが》れこみます…❶。

においのつぶは、〝鼻腔《びくう》の天井《てんじょう》〟に並《なら》んでいる「嗅細胞《きゅうさいぼう》」にとらえられます。嗅細胞《きゅうさいぼう》は約《やく》４００種類《しゅるい》の「受容体《じゅようたい》」をもっていて、それぞれの受容体《じゅようたい》には、ことなる形《かたち》の〝くぼみ〟があります。このくぼみに「においのつぶ」がピッタリはまると、その情報《じょうほう》が脳《のう》に送《おく》られます…❷。

脳《のう》では、❷の情報《じょうほう》に「過去《かこ》のきおく」や「好《す》き／きらい」などの情報《じょうほう》が合《あ》わさります。これにより、私《わたし》たちの心《こころ》のなかに「におい」の感覚《かんかく》が生《う》まれます…❸。

人間《にんげん》はこのしくみにより、数十《すうじゅう》万種類《まんしゅるい》ものにおいをかぎ分《わ》けることができます。

ハカセMEMO《メモ》！

飛行機《ひこうき》に乗《の》ったときに役立《やくだ》つ「裏《うら》ワザ」

鼻《はな》のおくには、耳《みみ》のおくにつながっている「耳管《じかん》」の出口《でぐち》があるのじゃ（→79ページ）。飛行機《ひこうき》の離着陸時《りちゃくりくじ》などに耳《みみ》が痛《いた》くなった場《ば》合《あい》、口《くち》を大《おお》きく開《ひら》いて耳管《じかん》の出口《でぐち》を広《ひろ》げると、痛《いた》みがやわらぐことがあるゾ。

クイズの答《こた》え：P81➡③（ラクダに乗《の》ったときにおきる、乗《の》りもの酔《よ》い）

すごい「鼻《はな》」のしくみ

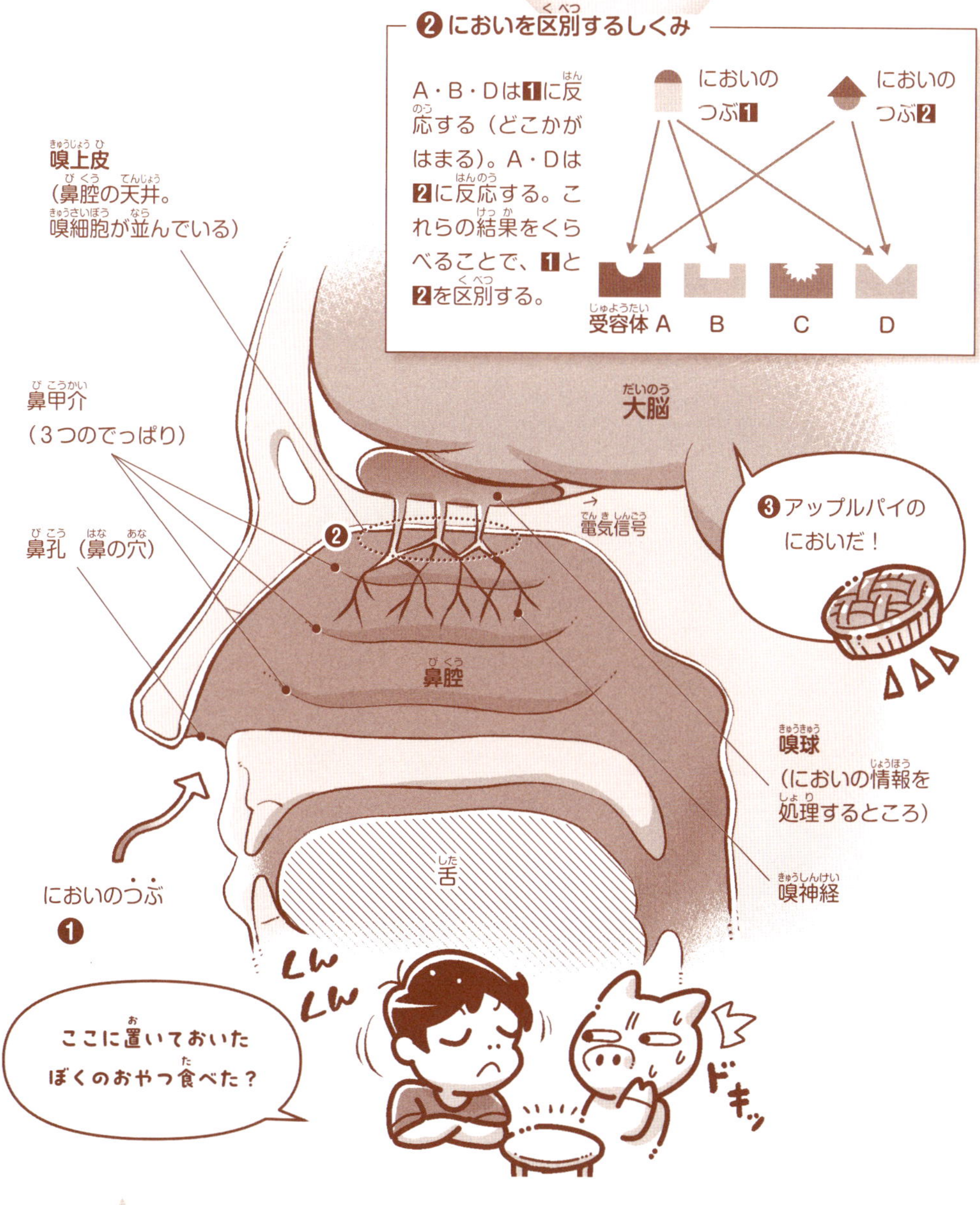

なるほど理系脳《りけいのう》クイズ！

嗅覚《きゅうかく》のすぐれたイヌやブタの力《ちから》を借《か》りて、土《つち》の中《なか》からしゅうかくされる食材《しょくざい》は？　①キャビア　②トリュフ

5

ナットク！ 人間《にんげん》が最《もっと》も感《かん》じやすい味《あじ》

舌《した》は、「甘味《かんみ》」「酸味《さんみ》」「塩味《えんみ》」「苦味《にがみ》」「うま味《み》」という、5つの味《あじ》を感《かん》じ取《と》ることができます。

うま味《み》とは「おいしい！」と感《かん》じる味《あじ》のことではなく、コンブなどに多《おお》くふくまれる「グルタミン酸《さん》」や、肉《にく》などに多《おお》くふくまれる「イノシン酸《さん》」、干《ほ》ししいたけなどに多《おお》くふくまれる「グアニル酸《さん》」などから生《う》まれる味《あじ》です。

では、5つのうち、私《わたし》たちが最《もっと》もびんかんなのはどれでしょう？

…答《こた》えは苦味《にがみ》です（次《つぎ》は酸味《さんみ》※）。

私《わたし》たちは基本的《きほんてき》に、栄養《えいよう》になるものは「好《この》ましい味《あじ》」、害《がい》のあるものは「いやな味《あじ》」と感《かん》じます。毒《どく》物《ぶつ》を苦《にが》いと感《かん》じたり、くさった食《た》べものをすっぱいと感《かん》じたりするのは、このためです。

つまり、私《わたし》たちの体《からだ》には「食《た》べてよいものなのか否《いな》か」を一瞬《いっしゅん》で判別《はんべつ》する、優秀《ゆうしゅう》なシステムが備《そな》わっているのです。

※苦味《にがみ》、酸味《さんみ》、甘味《かんみ》（もしくは塩味《えんみ》）の順《じゅん》。うま味《み》の順番《じゅんばん》については、研究者《けんきゅうしゃ》によって考《かんが》え方《かた》がことなる。

ハカセMEMO《メモ》！

苦《にが》～いデナトニウム

「デナトニウム」は、わずかな量《りょう》でも強《つよ》い苦味《にがみ》を感《かん》じる物質《ぶっしつ》じゃ（毒《どく》ではない）。おもちゃや、ボタン電池《でんち》などの表面《ひょうめん》には、小《ちい》さな子供《こども》が誤《あやま》って飲《の》みこんでしまわないように、デナトニウムがぬられていることがあるゾ。

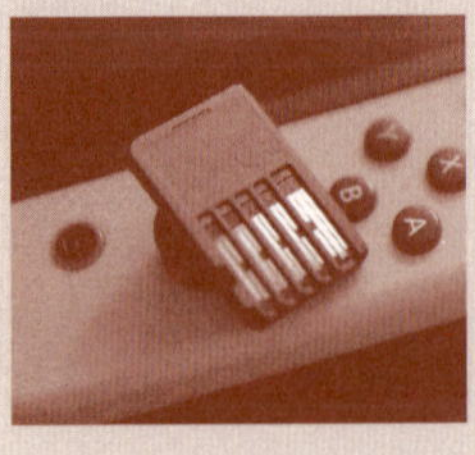

（↑）デナトニウムがぬられたゲーム機用《きよう》の小《ちい》さなカード

クイズの答《こた》え：P83➡②

味《あじ》を感《かん》じ取《と》る「味蕾《みらい》」

人間《にんげん》は、舌《した》と脳《のう》で
「食《た》べてよいものなのか否《いな》か」を
一瞬《いっしゅん》で判別《はんべつ》している！

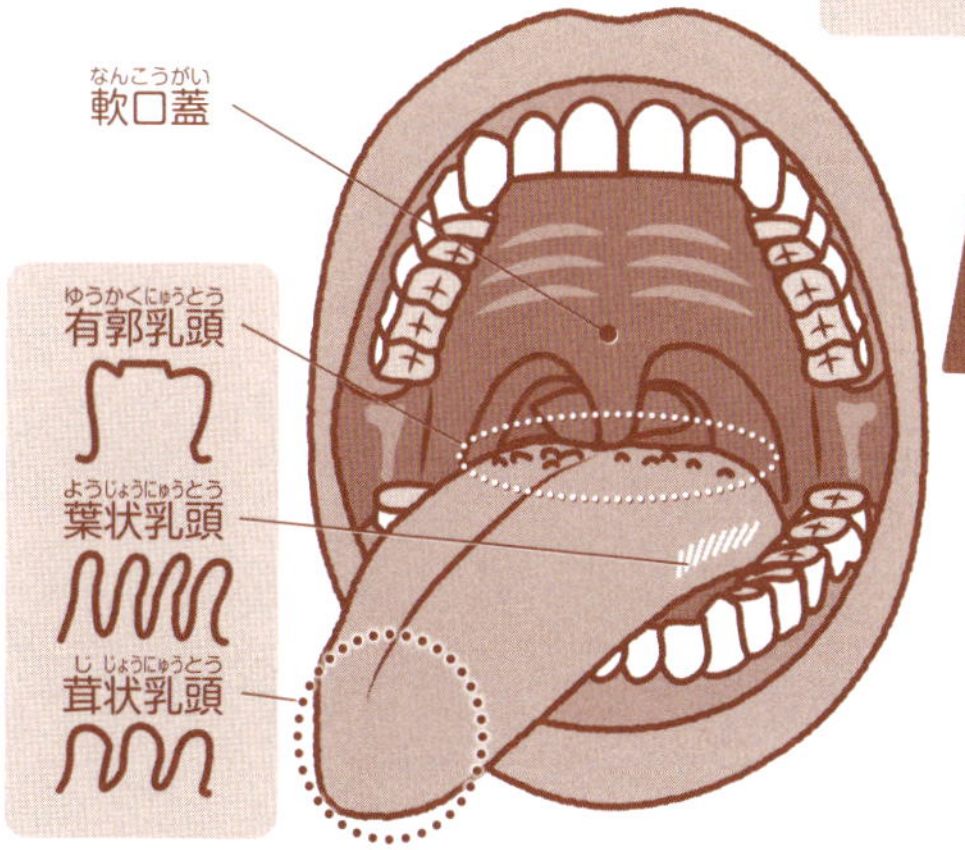

軟口蓋《なんこうがい》
有郭乳頭《ゆうかくにゅうとう》
葉状乳頭《ようじょうにゅうとう》
茸状乳頭《じじょうにゅうとう》

※味蕾《みらい》は、のどや軟口蓋《なんこうがい》（口《くち》の天井《てんじょう》）にもある。

有郭乳頭《ゆうかくにゅうとう》
味蕾《みらい》

ひとつの味蕾《みらい》は、数十《すうじゅう》～数百個《すうひゃっこ》の「味細胞《みさいぼう》」からなる。この味細胞《みさいぼう》がとらえた情報《じょうほう》と、過去《かこ》のきおくや「好《す》き／きらい」、食感《しょっかん》、においなどの情報《じょうほう》が脳《のう》で合《あ》わさり、私《わたし》たちの心《こころ》のなかに「味《あじ》」の感覚《かんかく》が生《う》まれる。

なんで ゴーヤーは苦《にが》いし レモンはすっぱいのに 食《た》べられるの？
それらが安全《あんぜん》で 体《からだ》によいはたらきをするものだと脳《のう》が学習《がくしゅう》したためさ！

なるほど理系脳《りけいのう》クイズ！

体内《たいない》で○○が不足《ふそく》すると、味《あじ》がわかりにくくなる。○○に入《はい》るのは？　①リン　②亜鉛《あえん》

6 何《なに》がちがう？ くさい汗《あせ》・くさくない汗《あせ》

「汗《あせ》」と聞《き》くと、あまりいいイメージをもっていない人《ひと》も多《おお》いでしょう。しかし汗《あせ》は、私《わたし》たちの気《き》づかないところで重要《じゅうよう》な役割《やくわり》を果《は》たしています。

汗《あせ》の最大《さいだい》の目的《もくてき》は「体温《たいおん》の上昇《じょうしょう》をふせぐこと」です。私《わたし》たちは汗《あせ》をかき、汗《あせ》を蒸発《じょうはつ》させることで、体《からだ》から余分《よぶん》な熱《ねつ》をにがしています※。

体温《たいおん》の上昇《じょうしょう》をふせぐ汗《あせ》は、皮膚《ひふ》の表面《ひょうめん》にある「エクリン腺《せん》」でつくられます。そのほとんどは水《みず》（わずかに塩《しお》などをふくむ）で、においはありません。

一方《いっぽう》、きんちょうしたときなどには、「アポクリン腺《せん》」から汗《あせ》が出《で》ます。アポクリン腺《せん》でつくられる汗《あせ》は、脂質《ししつ》やタンパク質《しつ》をふくんでいます。においはほぼありませんが、皮膚《ひふ》の表面《ひょうめん》にいる細菌《さいきん》によってこれらの物質《ぶっしつ》が分解《ぶんかい》されると、いわゆる〝汗《あせ》くささ〟をともなうようになります。

※汗《あせ》（水分《すいぶん》）は蒸発《じょうはつ》するときに、まわりから熱《ねつ》をうばう。これを「気化熱《きかねつ》」という。

ハカセMEMO《メモ》！

体温計《たいおんけい》は、なぜ42℃《ど》まで？

体温計《たいおんけい》は、42℃《ど》までしか目盛《めも》りがなかったり、42℃《ど》以上測定《いじょうそくてい》できないようになっているものが多《おお》いのォ。これは、人間《にんげん》は体温《たいおん》が42℃《ど》以上《いじょう》になると、命《いのち》の危険《きけん》につながるおそれがあるためじゃ（脳《のう》の神経細胞《しんけいさいぼう》がこわれはじめる）。

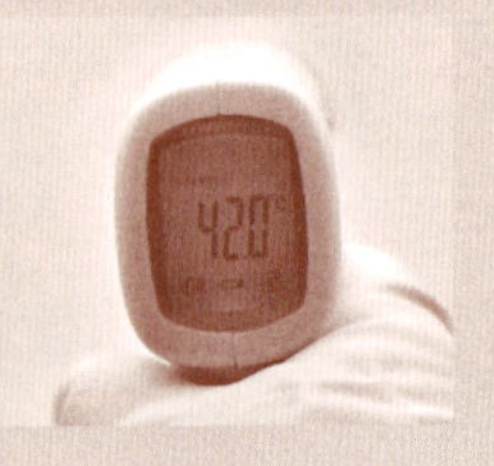

クイズの答《こた》え：P85➡②

皮膚《ひふ》のしくみと「汗《あせ》」

どんなときに、どこから汗《あせ》をかく？

- **体温《たいおん》が一定以上《いっていいじょう》に上昇《じょうしょう》したとき**
  （エクリン腺《せん》）
- **きんちょうしたときや、不安《ふあん》を感《かん》じたとき**
  （エクリン腺《せん》、アポクリン腺《せん》）
- **からいものを食《た》べたとき**
  （エクリン腺《せん》）

★皮膚《ひふ》のしくみ

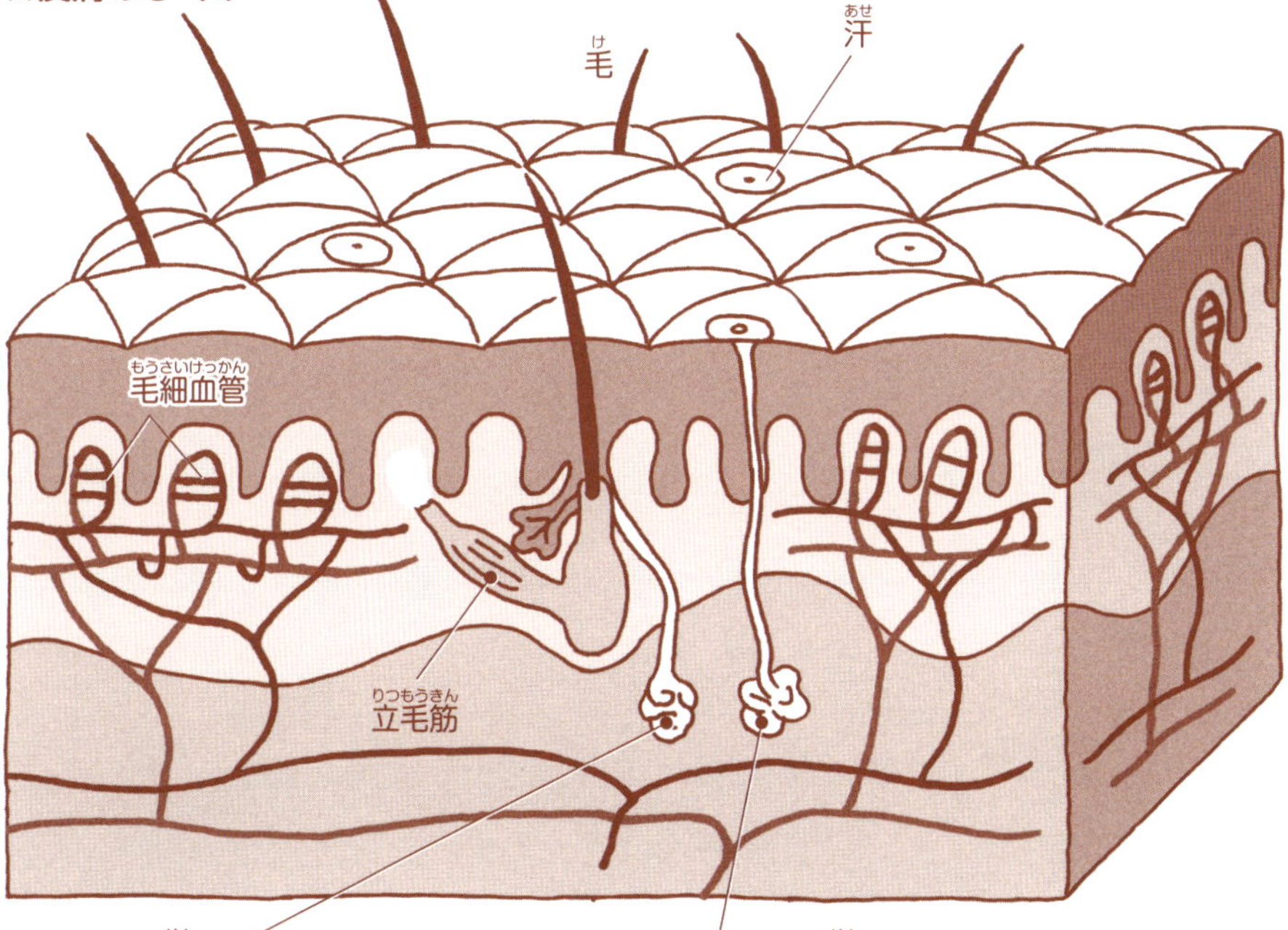

アポクリン腺《せん》

わきや肛門《こうもん》のまわりなどにあり、脂質《ししつ》やタンパク質《しつ》など“においのもととなる成分《せいぶん》”をふくむ汗《あせ》をつくる。毛穴《けあな》の側面《そくめん》に出口《でぐち》がある。

エクリン腺《せん》

全身《ぜんしん》に200万個以上《まんこいじょう》あり、主《おも》に水分《すいぶん》でできた汗《あせ》をつくる。皮膚《ひふ》の表面《ひょうめん》（毛《け》のない部分《ぶぶん》）に出口《でぐち》がある。

なるほど理系脳《りけいのう》クイズ！

次《つぎ》のうち、汗《あせ》をほとんどかかない動物《どうぶつ》は？　①チンパンジー　②ヤギ　③ゾウ

7

どうなる？ もし、指紋《しもん》がなかったら…

皮膚《ひふ》の表面《ひょうめん》に並《なら》ぶ〝でっぱり〟と〝みぞ〟がつくる模様《もよう》を「皮膚《ひふ》紋理《もんり》」といいます。なかでも、手《て》や足《あし》の指先《ゆびさき》（腹側《はらがわ》）にある皮膚紋《ひふもん》理《り》を「指紋《しもん》」といいます。

指紋《しもん》は、一見何《いっけんなん》の役《やく》にも立《た》っていないように感《かん》じますが、「すべり止《ど》め」としての機能《きのう》があります。もし指紋《しもん》がなかったら、私《わたし》たちはものをつかむことさえ、むずかしくなるでしょう※。

また、指紋《しもん》には、皮膚《ひふ》のおくにうまっているさまざまなセンサーの感度《かんど》を、高《たか》めるはたらきもあります。

皮膚紋理《ひふもんり》は、人間以外《にんげんいがい》にもあります。たとえば、ゴリラやチンパンジー、オランウータンなど（霊長類《れいちょうるい》）の、手《て》のひらや足《あし》の裏《うら》などです。また、1日《にち》のほとんどを木《き》の上《うえ》で生活《せいかつ》するコアラの手《て》のひらや足《あし》の裏《うら》にも、皮膚紋理《ひふもんり》がみられます。

※“でっぱり”と“みぞ”により、まさつ力《りょく》が大《おお》きくなる（汗《あせ》も、まさつ力《りょく》を高《たか》める）。

ハカセMEMO《メモ》!

お牛（お主《ぬし》）は、だれ？

ワシらの指紋《しもん》と同《おな》じように、動物《どうぶつ》の皮膚紋理《ひふもんり》も、個《こ》体《たい》によってそれぞれ形《かたち》がちがうのじゃ。たとえば、和牛《わぎゅう》の親子関係《おやこかんけい》などを示《しめ》す「子牛登記証明書《こうしとうきしょうめいしょ》」には、子牛《こうし》のときに記録《きろく》された鼻《はな》の皮膚紋理《ひふもんり》（鼻紋《びもん》：右《みぎ》の画像《がぞう》）がそえられるゾ。

クイズの答《こた》え：P87➡③（耳《みみ》から熱《ねつ》をにがしたり、水浴《みずあ》びをして体温《たいおん》を下《さ》げたりする）

さまざまな動物《どうぶつ》の皮膚紋理《ひふもんり》

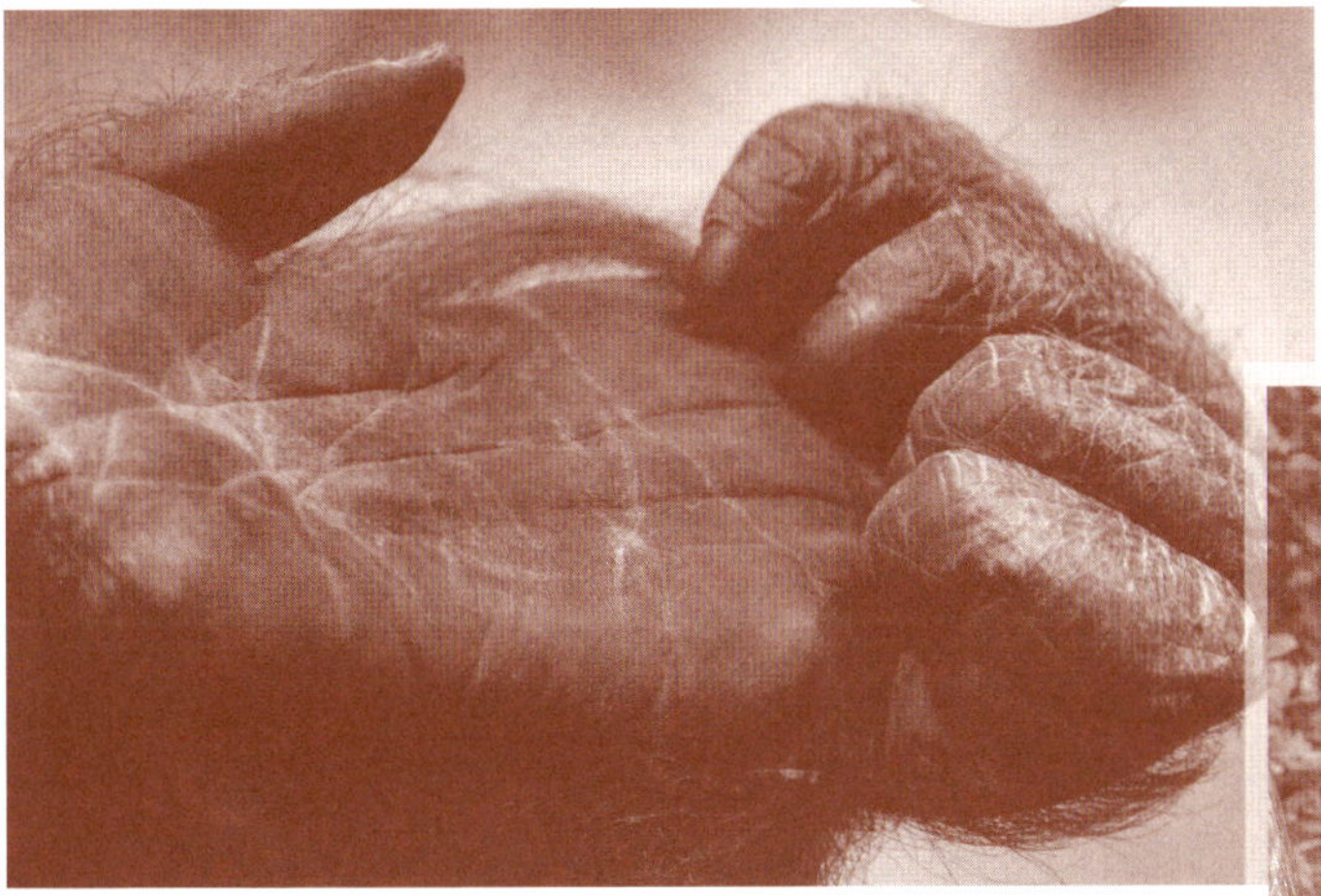

オランウータン

同《おな》じサルでも、クモザルやオマキザルなどは、手足《てあし》のように器用《きよう》にものをつかむことができる「しっぽ」の内側《うちがわ》にも皮膚紋理《ひふもんり》がみられる（「尾紋《びもん》」とよばれる）。

コアラ

コアラの指紋《しもん》と人間《にんげん》の指紋《しもん》は、見分《みわ》けがつかないほど似《に》ている。

なるほど理系脳《りけいのう》クイズ！

手《て》のひらにある皮膚紋理《ひふもんり》は、何《なん》とよばれる？　①掌紋《しょうもん》　②家紋《かもん》　③ひら紋《もん》

8

なんだって!?

指《ゆび》は「第《だい》2の脳《のう》」

皮膚《ひふ》には、さまざまなセンサーがたくさんうまっています。たとえば「❶メルケル細胞《さいぼう》」は、何《なに》かがふれたり、何《なに》かにおされたりする力《ちから》に反応《はんのう》します。「❷マイスナー小体《しょうたい》」と「❸パチニ小体《しょうたい》」は、振《しん》動《どう》に反応《はんのう》します。「❹ルフィニ小《しょう》体《たい》」は、皮膚《ひふ》ののびに反応《はんのう》するといわれていますが、くわしいことはよくわかっていません。

また、皮膚《ひふ》には、温《あたた》かさや冷《つめ》たさ※、痛《いた》みに反応《はんのう》する「❺自由神経《じゆうしんけい》終末《しゅうまつ》」というセンサーもあります。

センサーからの情報《じょうほう》は脳《のう》に届《とど》けられ、脳《のう》でぶんせきされます。これにより、私《わたし》たちのなかに、ものの形《かたち》や重《おも》さ、表面《ひょうめん》のでこぼこなど（触圧覚《しょくあっかく》）や、温《あたた》かい（温覚《おんかく》）、冷《つめ》たい（冷覚《れいかく》）、痛《いた》い（痛覚《つうかく》）といった「皮膚感覚《ひふかんかく》」が生《う》まれます。

とくに指《ゆび》（指先《ゆびさき》）には、このようなセンサーが集《あつ》まっているので、指《ゆび》は〝第《だい》2の脳《のう》〟とよばれます。

※温《あたた》かさは33～45℃《ど》、冷《つめ》たさは15～33℃《ど》のしげきに反応《はんのう》する。これ以上《いじょう》（以下《いか》）の温度《おんど》のしげきは、痛《いた》みとしてとらえられる。

ハカセMEMO《メモ》!

辛《から》いは熱《あつ》い、熱《あつ》いは辛《から》い

体《からだ》は、辛《から》さと熱《あつ》さ（43℃《ど》以上《いじょう》の熱《ねつ》）を自由神経終末《じゆうしんけいしゅうまつ》にある「カプサイシン受《じゅ》容体《ようたい》」で感《かん》じ取《と》っているのじゃ。つまり、体《からだ》にとって辛《から》さと熱《あつ》さは同《おな》じものなのじゃ。ちなみに英語圏《えいごけん》の人々《ひとびと》は、辛《から》さを感《かん》じたときに「熱《あつ》い」などの意《い》味《み》をもつ「ホット（Hot）」という単語《たんご》を使《つか》うゾ。

クイズの答《こた》え：P89➡①

指先《ゆびさき》（皮膚《ひふ》）にあるセンサー

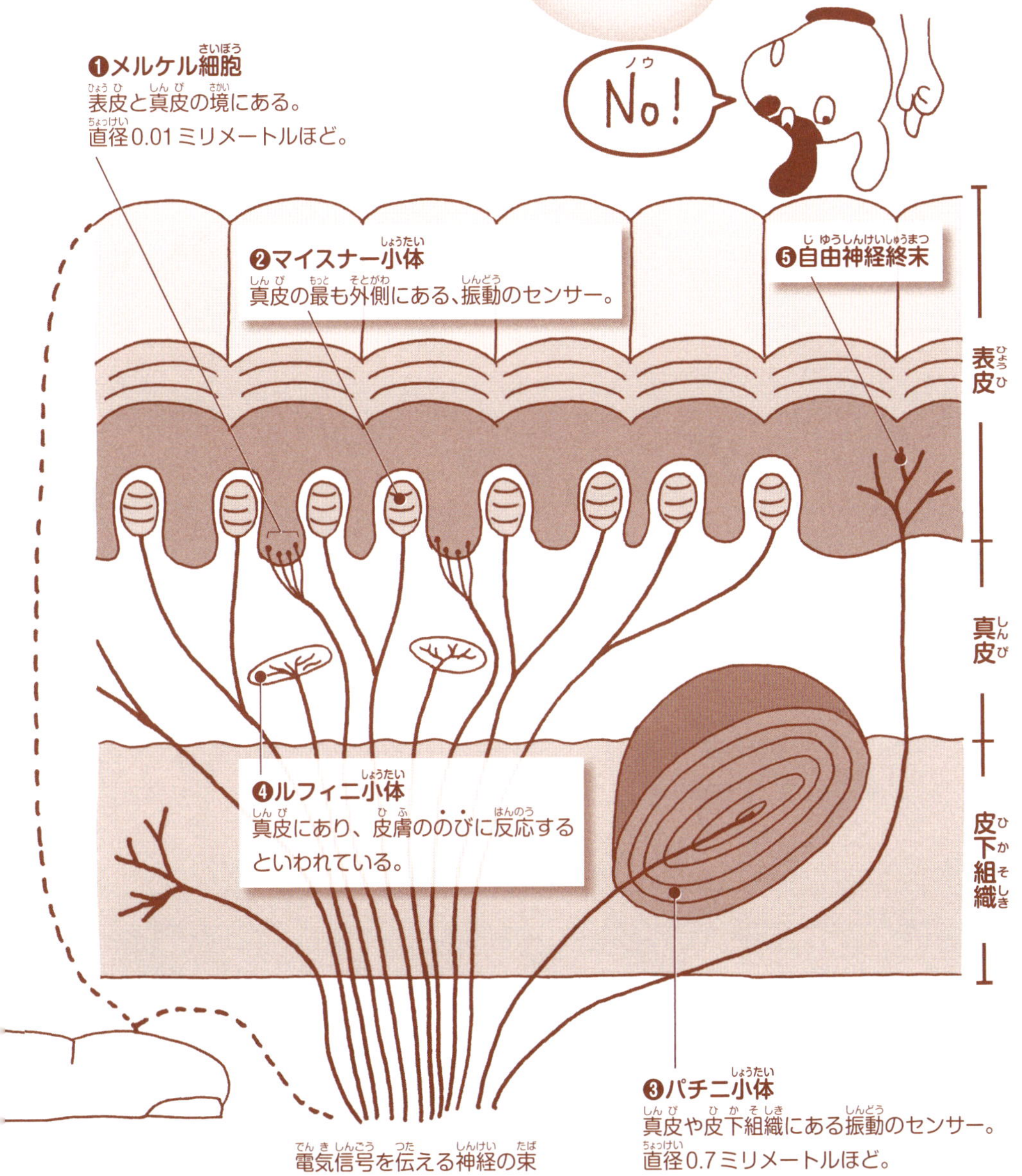

❶メルケル細胞《さいぼう》
表皮《ひょうひ》と真皮《しんぴ》の境《さかい》にある。
直径《ちょっけい》0.01ミリメートルほど。
No《ノウ》!
❷マイスナー小体《しょうたい》
真皮《しんぴ》の最《もっと》も外側《そとがわ》にある、振動《しんどう》のセンサー。
❺自由神経終末《じゆうしんけいしゅうまつ》
表皮《ひょうひ》
真皮《しんぴ》
皮下組織《ひかそしき》
❹ルフィニ小体《しょうたい》
真皮《しんぴ》にあり、皮膚《ひふ》ののびに反応《はんのう》するといわれている。
❸パチニ小体《しょうたい》
真皮《しんぴ》や皮下組織《ひかそしき》にある振動《しんどう》のセンサー。
直径《ちょっけい》0.7ミリメートルほど。
電気信号《でんきしんごう》を伝《つた》える神経《しんけい》の束《たば》

なるほど理系脳《りけいのう》クイズ！

表皮《ひょうひ》の細胞《さいぼう》が変形《へんけい》してできたものは？　①つめ　②骨《ほね》　③筋肉《きんにく》

9

おまじないじゃない！

「痛《いた》いの痛《いた》いの」は飛《と》んでいく

人間《にんげん》の体《からだ》には、痛《いた》みをおさえるしくみが備《そな》わっています。

たとえば、ボクシング選手《せんしゅ》が試《し》合後《あいご》のインタビューで「試合中《しあいちゅう》はパンチを浴《あ》びても、まったく痛《いた》みを感《かん》じませんでした」などとコメントすることがあります。これは試合中《しあいちゅう》など、交感神経《こうかんしんけい》（↓35ページ）が活発《かっぱつ》にはたらいているときには、痛《いた》みを感《かん》じる能力《のうりょく》が一時的《いちじてき》ににぶくなるためです※。

また、痛《いた》みが生《しょう》じた部分《ぶぶん》をさするという行為《こうい》も、痛《いた》みをおさえるのに有効《ゆうこう》です。これは、さするという行為《こうい》に〝痛《いた》みを伝《つた》える伝達路《でんたつろ》のとびら〟を閉《し》める効果《こうか》があるためです。

つまり、小《ちい》さいころに多《おお》くの人《ひと》が経験《けいけん》した「痛《いた》いの痛《いた》いの飛《と》んでいけ！」は、おまじないなどではなく、科学的《かがくてき》に意味《いみ》のあることだったのです。

※試合後《しあいご》、リラックスして副交感神経《ふくこうかんしんけい》が活発《かっぱつ》にはたらいているときには、痛《いた》みを感《かん》じはじめる。

ハカセMEMO《メモ》！

頭痛薬《ずつうやく》（アスピリン）のしくみ

頭痛《ずつう》（片頭痛《へんずつう》）の原因《げんいん》のひとつは、脳《のう》の血管《けっかん》が炎症《えんしょう》をおこし、「プロスタグランジン」という物質《ぶっしつ》がつくられるためじゃ。この物質《ぶっしつ》が「痛《いた》みを伝《つた》える神《しん》経《けい》」にはたらきかけることで、頭痛《ずつう》が生《しょう》じるゾ。一方《いっぽう》、頭痛薬《ずつうやく》（アスピリン）は、プロスタグランジンがつくられるのをおさえることで、頭痛《ずつう》をおさえるのじゃ。

クイズの答《こた》え：P91➡①

痛《いた》みはどこからやってくる？

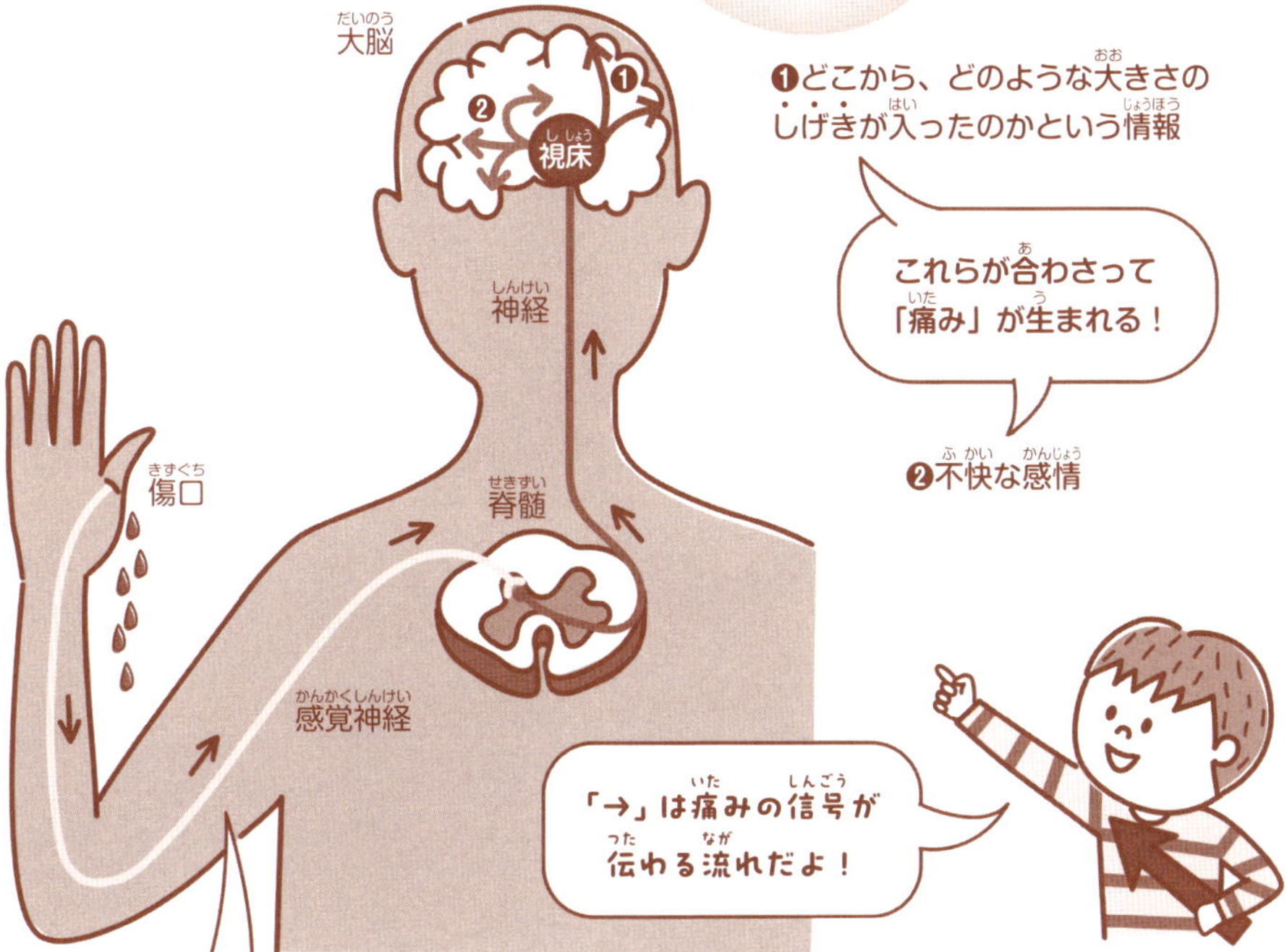

さすると、痛《いた》みを伝《つた》える
伝達路《でんたつろ》のとびらが閉《し》まる。
※とびらの位置《いち》や形《かたち》はイメージ。

私《わたし》たちはさまざまな痛《いた》みの経験《けいけん》を通《つう》じて、どのような行為《こうい》が危険《きけん》であるか、つまり「自分《じぶん》の体《からだ》を守《まも》るための術《すべ》」を自然《しぜん》に学《まな》んでいるといえる。

なるほど理系脳《りけいのう》クイズ！

アスピリンは、ある植物《しょくぶつ》から得《え》た成分《せいぶん》をもとに誕生《たんじょう》した。ある植物《しょくぶつ》とは？　①ヤナギ　②ヒマワリ

人体《じんたい》びっくりマジック

☆★ 消《き》える星《ほし》 ★☆

右目《みぎめ》を閉《と》じて、左目《ひだりめ》だけで下《した》の「+」を見《み》つめるのじゃ。そして、そのまま顔《かお》を「+」に近《ちか》づけたり、はなしたりしてみよう。すると…

「★」が消《き》えて見《み》えなくなる位置《いち》があるはずじゃ。これはワシらの目《め》に、光《ひかり》をとらえることができない（脳《のう》が「見《み》えていない」と判断《はんだん》する）「マリオット盲《もう》点《てん》」があるためじゃ。

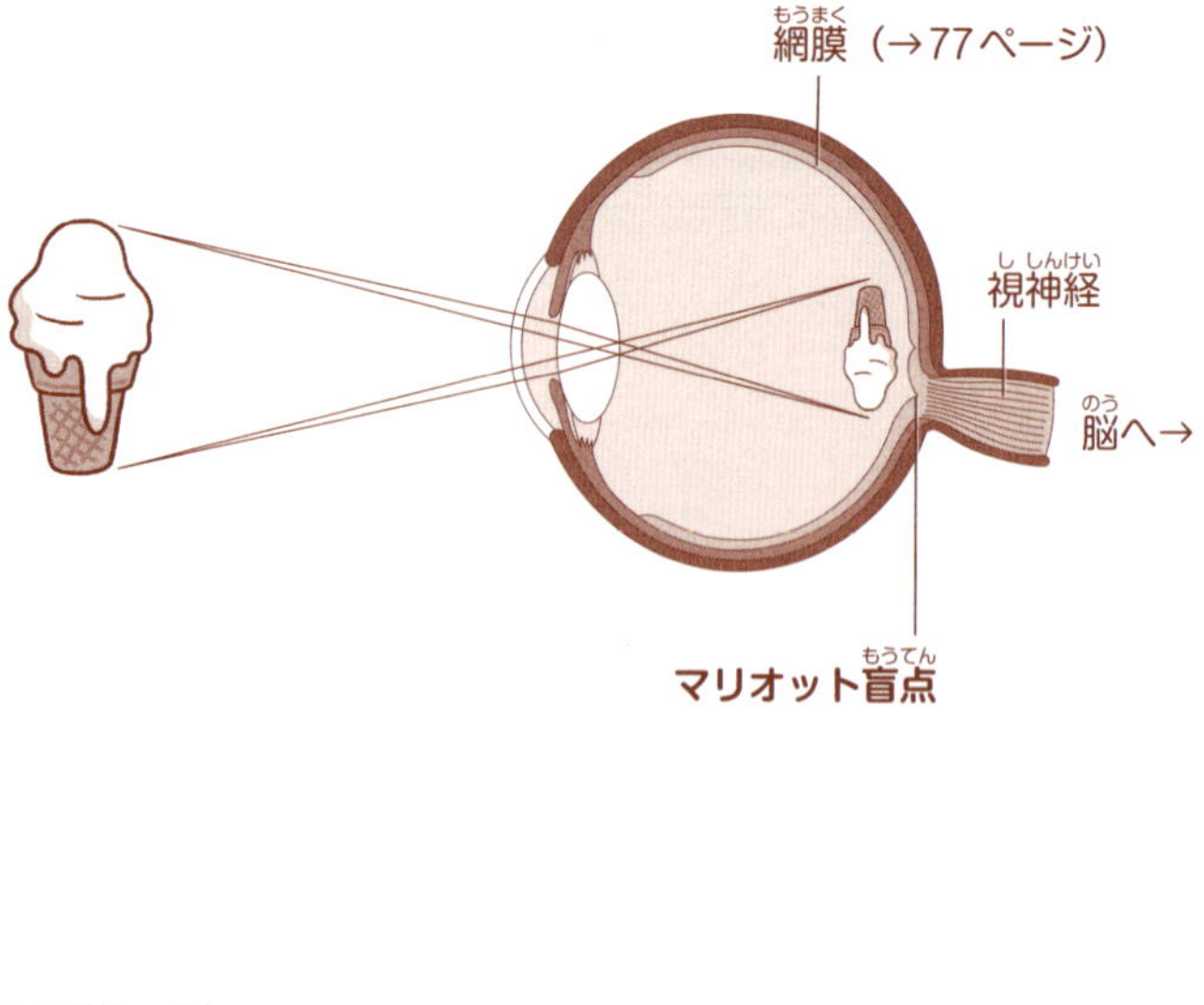

4章《しょう》

脳《のう》は不《ふ》思《し》議《ぎ》だらけ

60秒《びょう》でわかる 脳《のう》は不思議《ふしぎ》だらけ

AI《エーアイ》 vs 人間《にんげん》の脳《のう》
（→126ページ）

脳《のう》は人体《じんたい》の司令塔《しれいとう》
（→102ページ）

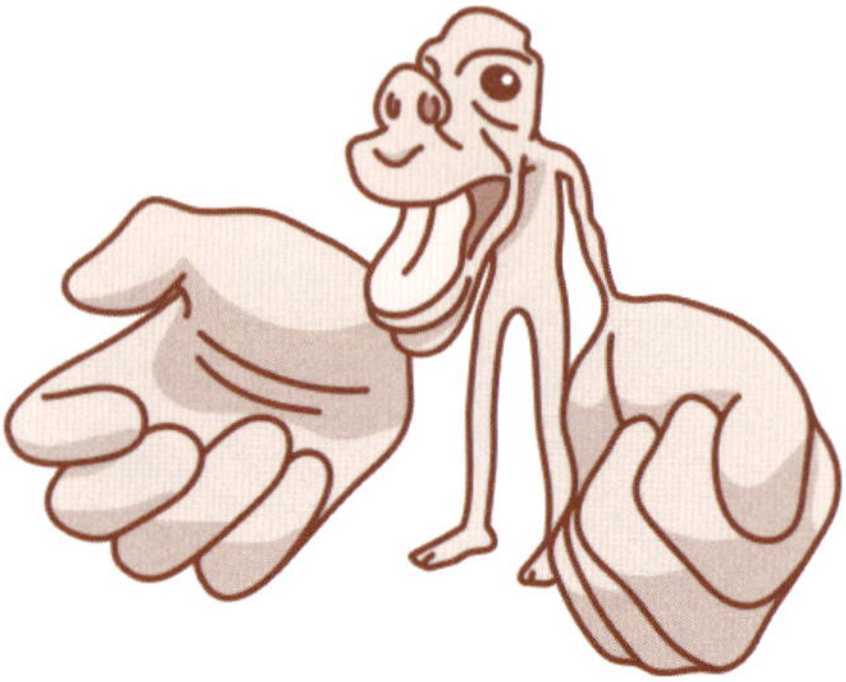

脳《のう》の中《なか》に小人《こびと》がいる!?
（→104ページ）

アインシュタインの脳《のう》は重《おも》い？
（→106ページ）

だまされる脳《のう》（→98ページ）
左腕《ひだりうで》が上《うえ》になると「芸術的《げいじゅつてき》」？（→100ページ）

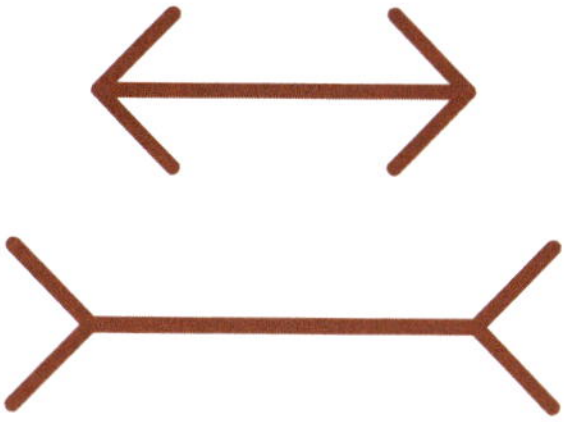

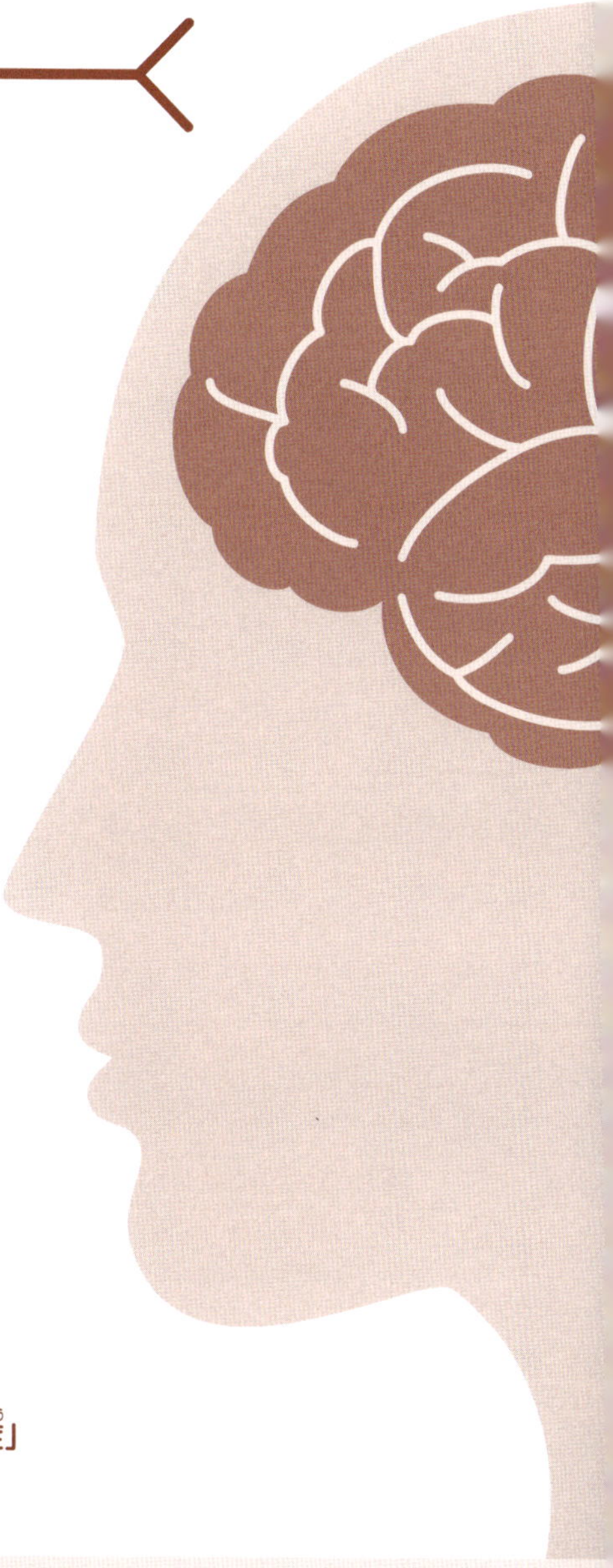

あくび・すいみんの話《はなし》（→110ページ〜）
脳《のう》と、きおくの話《はなし》（→120ページ〜）

「別腹《べつばら》」の正体《しょうたい》
（→108ページ）

やめられない「依存症《いぞんしょう》」
（→124ページ）

1 なんてこった！ だまされる脳《のう》

まずは、左《ひだり》ページ上《うえ》のイラストを見《み》てみましょう。みなさんは上《うえ》の線《せん》と下《した》の線《せん》、どちらが長《なが》いと思《おも》いますか？ …実《じつ》は、どちらも同《おな》じです。同《おな》じ長《なが》さの線《せん》の両《りょう》はしに内向《うちむ》きの矢羽《やばね》、もしくは外向《そとむ》きの矢羽《やばね》をえがくと、後者《こうしゃ》のほうが長《なが》く見《み》えるのです。

このように、脳《のう》がだまされて、実際《じっさい》とはことなるように見《み》える現象《げんしょう》を「錯視《さくし》」といいます。実《じつ》は、メイクやファッションでは、昔《むかし》から無意識的《むいしきてき》に錯視《さくし》が使《つか》われています。

たとえば、まぶたに沿《そ》ってマスカラやつけまつ毛《げ》をつければ、矢羽《やばね》の役割《やくわり》をそれらがすることで、目《め》を大《おお》きく見《み》せることができます。また、「ボブカット」という髪型《かみがた》は、小顔《こがお》に見《み》せる錯視《さくし》のひとつと考《かんが》えられています。

ハカセ MEMO《メモ》！

道路《どうろ》で活《かつ》やくする錯視《さくし》

右《みぎ》の写真《しゃしん》のように、道路《どうろ》のわきに引《ひ》かれた線《せん》は、道《みち》はばをせまく見《み》せることで、ドライバーにスピードをおさえさせる効果《こうか》があるゾ（これも錯視《さくし》のひとつ）。

不思議《ふしぎ》な錯視《さくし》の世界《せかい》

★古《ふる》くから知《し》られる

「ミュラー・リヤー錯視《さくし》」

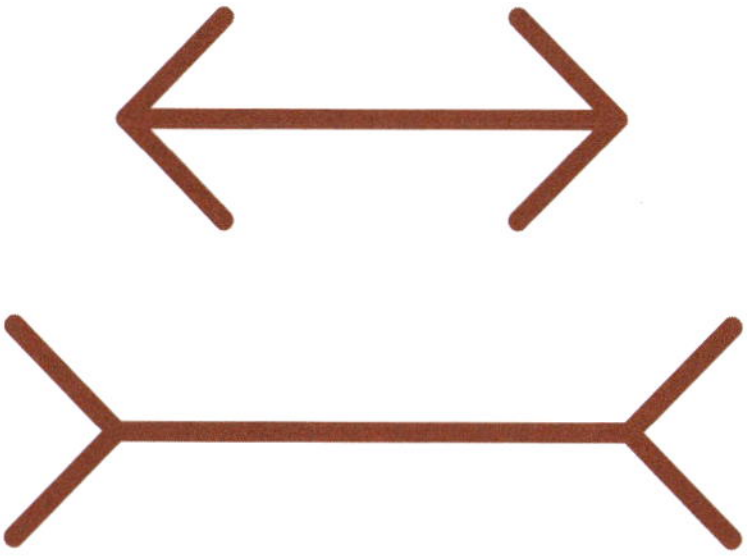

★アイメイクの錯視効果《さくしこうか》

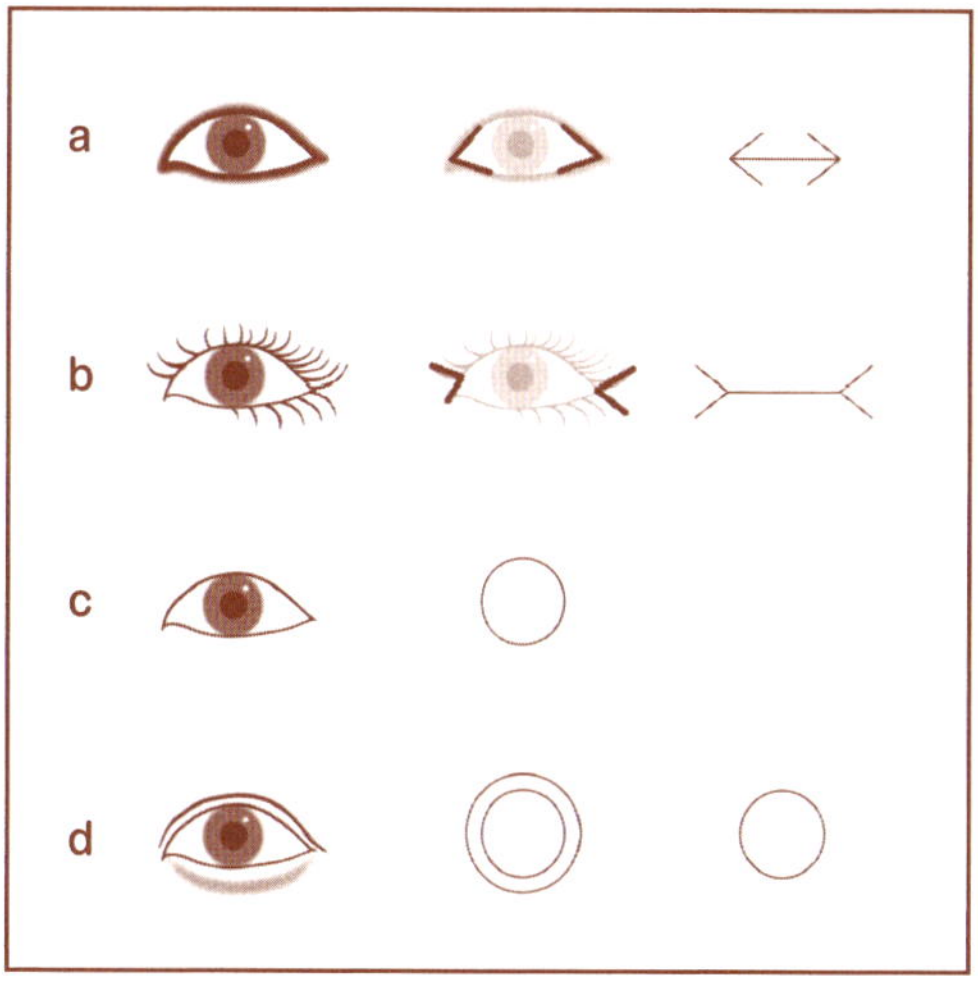

※参考《さんこう》：森川和則《もりかわかずのり》、『映像情報《えいぞうじょうほう》メディア学会誌《がっかいし》』

Vol.69, No.8, pp.842-847（2015）

小顔《こがお》に見《み》えるボブカット

aのように、目《め》のまわりにすべてアイラインを引《ひ》くと、目《め》が小《ちい》さく見《み》える。

bのように、マスカラやつけまつ毛《げ》をつけると、目《め》が大《おお》きく見《み》える（ミュラー・リヤー錯視《さくし》の効果《こうか》）。

dのように二重《ふたえ》やなみだぶくろを強調《きょうちょう》すると、目《め》が大《おお》きく感《かん》じられる（円《えん》のまわりを少《すこ》し大《おお》きな円《えん》で囲《かこ》むと、円《えん》が大《おお》きく見《み》える「デルブーフ錯視《さくし》」の効果《こうか》）。

なるほど理系脳《りけいのう》クイズ！

ミュラー・リヤー錯視《さくし》を考《かん》えだしたのは、どこの国《くに》の研究者《けんきゅうしゃ》？　①日本《にっぽん》　②スウェーデン　③ドイツ

2

よく耳《みみ》にするけど…左腕《ひだりうで》が上《うえ》になると「芸術的《げいじゅってき》」？

多《おお》くの人《ひと》が一度《いちど》は聞《き》いたことがあると思《おも》われる、腕《うで》を組《く》んだときに右腕《みぎうで》が上《うえ》になる人《ひと》は「左脳型《さのうがた》で論理的《ろんりてき》なタイプ」、左腕《ひだりうで》が上《うえ》になる人《ひと》は「右脳型《うのうがた》で芸術的《げいじゅってき》なタイプ」などという説《せつ》は、正《ただ》しいのでしょうか。

一言《ひとこと》でいえば、このような説《せつ》に科学的《かがくてき》なこんきょはありません。ですので「自分《じぶん》は将来《しょうらい》、研究者《けんきゅうしゃ》（もしくは画家《がか》やミュージシャン）には、なれないのかも…」などと心配《しんぱい》する必要《ひつよう》は、まったくありません。

一方《いっぽう》で、脳《のう》（大脳《だいのう》）がもついくつかの機能《きのう》において、左右《さゆう》ではたらき方《かた》に差《さ》があるのは事実《じじつ》です。たとえば、ものの位置《いち》を空間的《くうかんてき》にとらえる能力《のうりょく》は、右脳《うのう》のほうが活《かっ》発《ぱつ》にはたらきます。また、言語《げんご》に関《かん》する機能《きのう》においては、左脳《さのう》が優《ゆう》位《い》にはたらくことが多《おお》いことがわかっています。

ハカセMEMO《メモ》!

夢《ゆめ》のなかのひらめき

よく、「夢《ゆめ》のなかでひらめいた」という人《ひと》がいるのォ。これは、目覚《めざ》めている間《あいだ》はつながりにくいきおくどうしが、ねている（夢《ゆめ》を見《み》ている）間《あいだ》に頭《あたま》のなかで結《むす》びつくことで、ひらめきが生《う》まれるのではないかと考《かんが》えられているゾ。

クイズの答《こた》え：P99➡③（フランツ・カール・ミュラー・リヤーという心理学者《しんりがくしゃ》）

脳《のう》にまつわるさまざまな説《せつ》

腕《うで》を組《く》んだときに、右腕《みぎうで》が上《うえ》になる人《ひと》は「左脳型《さのうがた》で論理的《ろんりてき》なタイプ」。左腕《ひだりうで》が上《うえ》になる人《ひと》は「右脳型《うのうがた》で芸術的《げいじゅつてき》なタイプ」

→そうとは言《い》えない

男《おとこ》は「算数《さんすう》が得意《とくい》、国語《こくご》が不得意《ふとくい》」
女《おんな》は「国語《こくご》が得意《とくい》、算数《さんすう》が不得意《ふとくい》」

→そうとは言《い》えない

(男《おとこ》は計算《けいさん》や空間《くうかん》はあく能力《のうりょく》に、女《おんな》は言語《げんご》に関《かん》する能力《のうりょく》にすぐれていることが研究《けんきゅう》からわかっているが、男女《だんじょ》の差《さ》よりも、個人《こじん》の差《さ》のほうが、はるかに大《おお》きい)

魚《さかな》にふくまれる「DHA《ディーエイチエー》」(ドコサヘキサエン酸《さん》) をたくさんとると、頭《あたま》がよくなる。

→現時点《げんじてん》では、そうとは言《い》えない

(科学的《かがくてき》なこんきょが不足《ふそく》している)

なるほど理系脳《りけいのう》クイズ!

右脳《うのう》は、正式《せいしき》には何《なん》とよばれる? ①右折《うせつ》レーン ②側腹部《そくふくぶ》 ③右大脳半球《みぎだいのうはんきゅう》

③ 小《ちい》さいのに、すごい…
脳《のう》は人体《じんたい》の司令塔《しれいとう》

人間《にんげん》の脳《のう》の重《おも》さは、1.4キログラムほどといわれています※。全体《ぜんたい》重《じゅう》にしめる割合《わりあい》は、決《けっ》して大《おお》きくありませんが、体《からだ》が1日《にち》で消費《しょうひ》するエネルギーの約《やく》20%《パーセント》（酸素《さんそ》は約《やく》15%《パーセント》）が、脳《のう》で使《つか》われます。

脳《のう》は、大《おお》きく4つの部位《ぶい》に分《わ》けられます。「❶大脳《だいのう》」は主《おも》に、言葉《ことば》を話《はな》す、考《かんが》える、きおくする、感《かん》じるなど〝人間《にんげん》らしさ〟にかかわる機能《きのう》や、運動《うんどう》をコントロールしています。

「❷小脳《しょうのう》」は主《おも》に、手足《てあし》の動《うご》きや姿勢《しせい》の保持《ほじ》など、運動《うんどう》をスムーズに行《おこな》うためのコントロールに、「❸脳幹《のうかん》」は主《おも》に呼吸《こきゅう》や血液《けつえき》のめぐり（循環《じゅんかん》）、消化《しょうか》など、生《い》きていくために必要《ひつよう》な機能《きのう》のコントロールにかかわっています。

「❹間脳《かんのう》」は、さまざまな感覚情報《かんかくじょうほう》を大脳《だいのう》に伝《つた》えたり（視床《ししょう》）、自律神経《じりつしんけい》やホルモンをコントロールしたり（視床下部《ししょうかぶ》）しています。

※小学生《しょうがくせい》も大人《おとな》も、脳《のう》の重《おも》さはほぼ同《おな》じ。

ハカセ
MEMO《メモ》！

ホルモンって何《なに》？

自律神経《じりつしんけい》と協力《きょうりょく》しながら、体《からだ》のさまざまな機能《きのう》を調節《ちょうせつ》する化学物質《かがくぶっしつ》を「ホルモン」というゾ。たとえば、ストレスを感《かん》じたとき、交感神経《こうかんしんけい》が活発《かっぱつ》にはたらき、心拍数《しんぱくすう》が上《あ》がるなどの変化《へんか》がおこる。一方《いっぽう》で、副腎《ふくじん》（副腎皮質《ふくじんひしつ》）という器官《きかん》からは「糖質《とうしつ》コルチコイド」というホルモンが血液中《けつえきちゅう》に分泌《ぶんぴつ》されて、ストレスとたたかうための体《からだ》の準備《じゅんび》がととのえられるのじゃ。

右《う》脳《のう》（右《みぎ》大《だい》脳《のう》半《はん》球《きゅう》）の断《だん》面《めん》

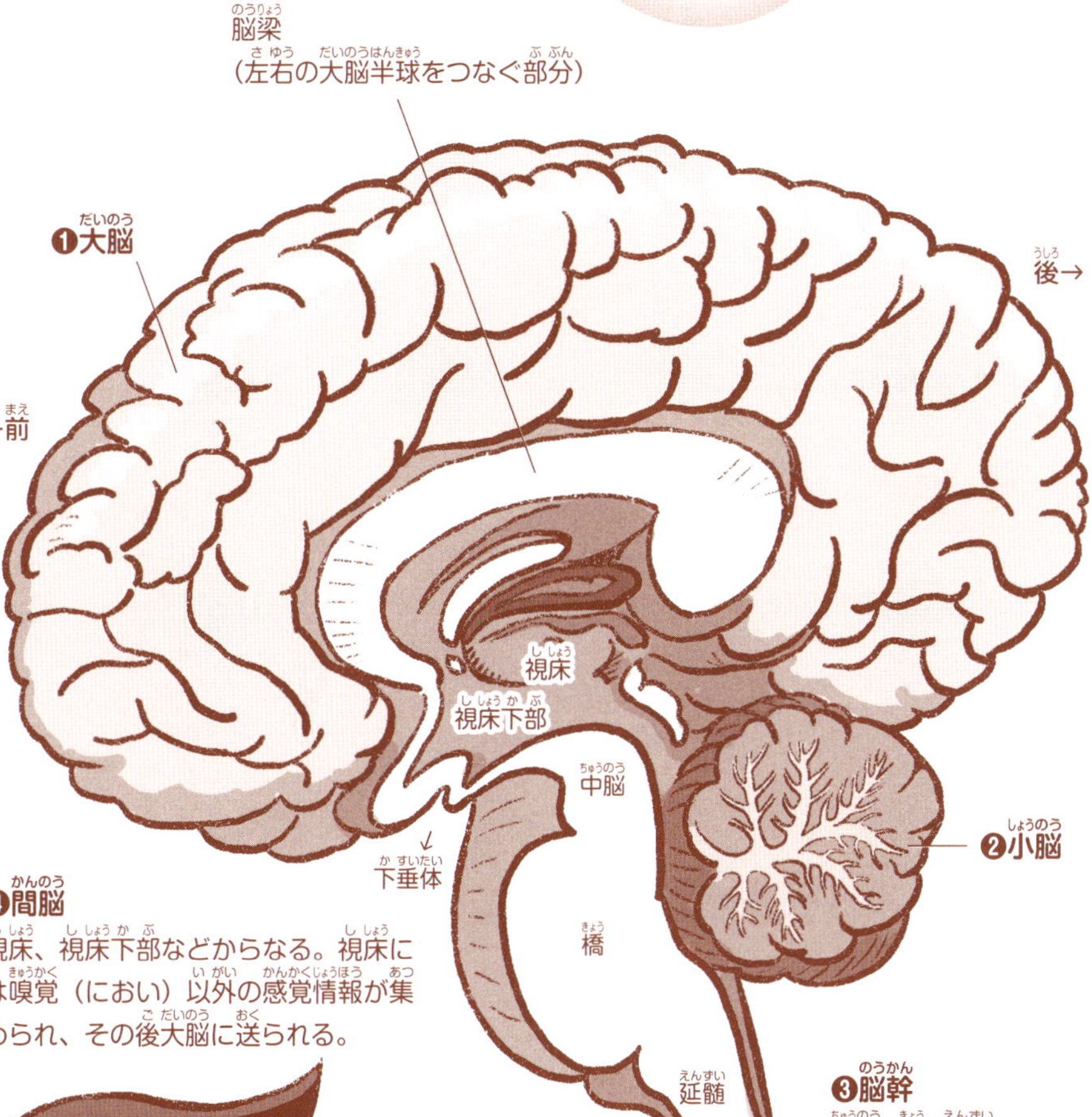

脳梁《のうりょう》
（左右《さゆう》の大脳半球《だいのうはんきゅう》をつなぐ部分《ぶぶん》）
❶大脳《だいのう》
後《うしろ》→
←前《まえ》
視床《ししょう》
視床下部《ししょうかぶ》
中脳《ちゅうのう》
❷小脳《しょうのう》
下垂体《かすいたい》
橋《きょう》
延髄《えんずい》

❹間脳《かんのう》

視床《ししょう》、視床下部《ししょうかぶ》などからなる。視床《ししょう》には嗅覚《きゅうかく》（におい）以外《いがい》の感覚情報《かんかくじょうほう》が集《あつ》められ、その後大脳《ごだいのう》に送《おく》られる。

❸脳幹《のうかん》

中脳《ちゅうのう》、橋《きょう》、延髄《えんずい》からなる。これらは、脳《のう》を木《き》としたとき、幹《みき》にあたる部分《ぶぶん》なので「脳幹《のうかん》」とよばれる。

これは胃《い》ですか？
NO《ノウ》！

なるほど理系脳《りけいのう》クイズ！

「かにみそ」の“みそ”は、カニのどの部分《ぶぶん》？　①目《め》　②脳《のう》みそ　③内臓《ないぞう》（中腸腺《ちゅうちょうせん》）

4

えっ…脳《のう》の中《なか》に小人《こびと》がいる!?

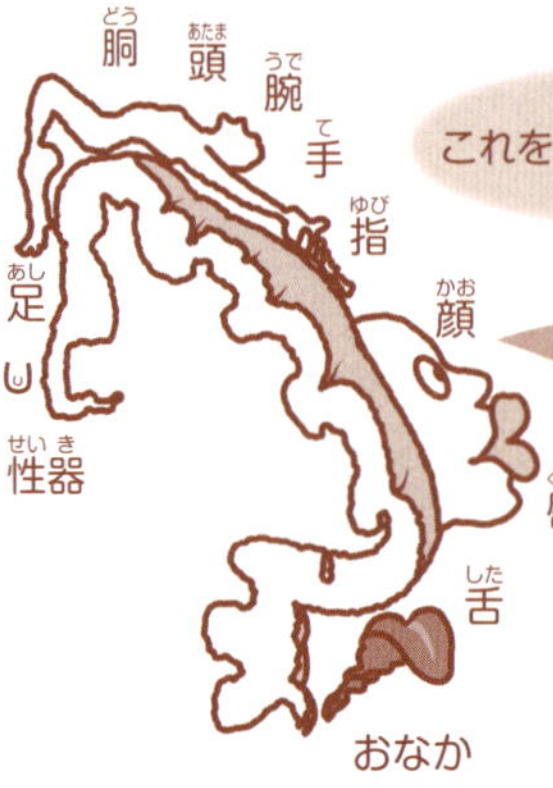

体性感覚野《たいせいかんかくや》の断面《だんめん》と対応《たいおう》する体《からだ》の部位《ぶい》（↑）

ペンフィールドのホムンクルス
（体性感覚野《たいせいかんかくや》）

大脳《だいのう》の表面《ひょうめん》をおおうしわを「大《だい》脳皮質《のうひしつ》」といいます。大脳皮質《だいのうひしつ》は、部位《ぶい》によってことなる機能《きのう》をもっています（機能局在《きのうきょくざい》という）。

このようすをわかりやすく示《しめ》したのが、8ページの「ブロードマンの脳地図《のうちず》」です。ドイツの解剖《かいぼう》学者《がくしゃ》コルビニアン・ブロードマンが、大脳皮質《だいのうひしつ》の神経細胞《しんけいさいぼう》の分布《ぶんぷ》の仕方《しかた》のちがいなどを調《しら》べて、つくりました。

一方《いっぽう》で、実験《じっけん》を通《とお》して機能局在《きのうきょくざい》を確《たし》かめた人《ひと》がいます。それが、カナダの脳外科医《のうげかい》ワイルダー・ペンフィールドです。ペンフィールドは、「てんかん」という病気《びょうき》の患《かん》

4つに分《わ》けられる大脳皮質《だいのうひしつ》

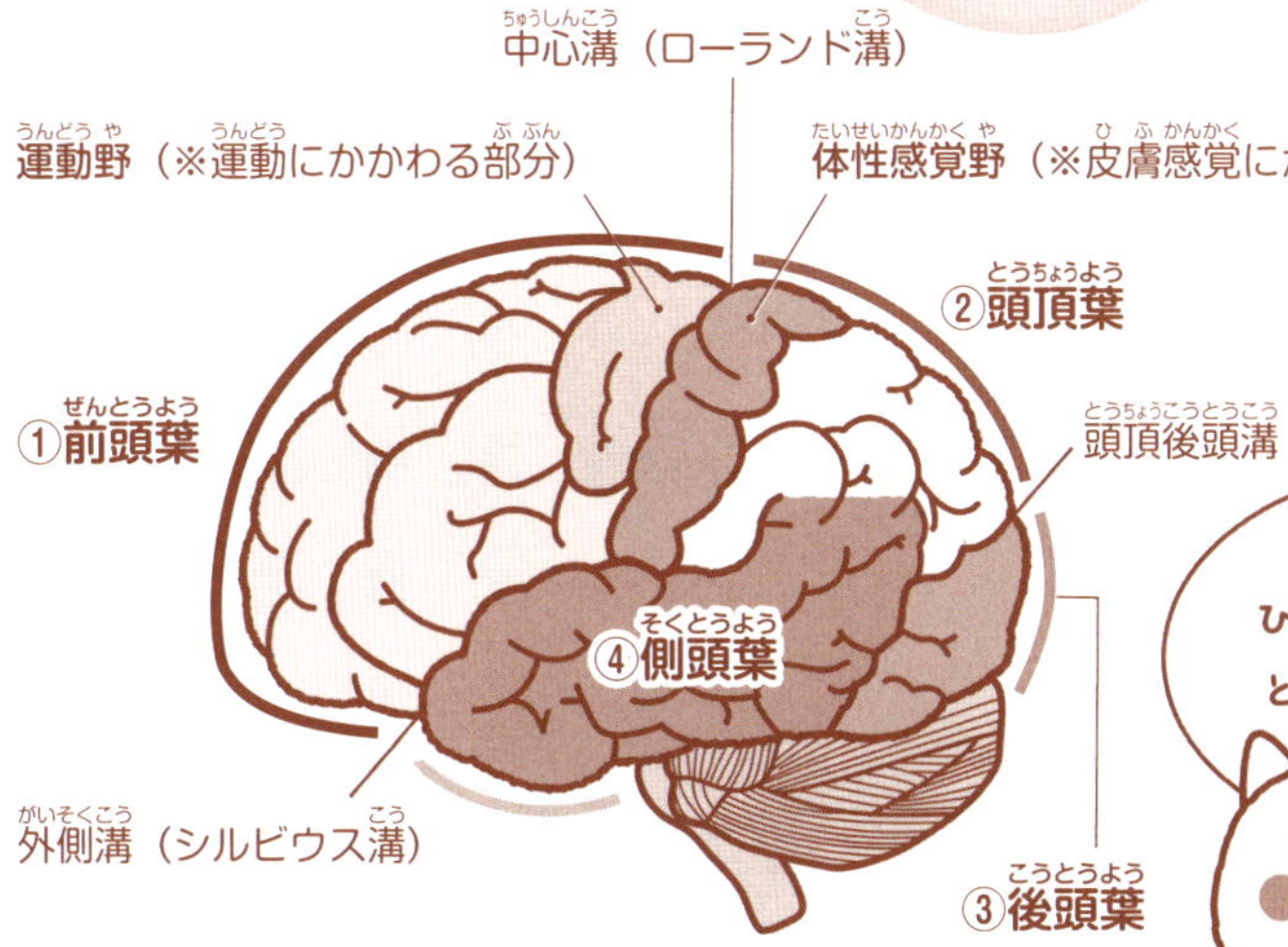
中心溝《ちゅうしんこう》（ローランド溝《こう》）
運動野《うんどうや》（※運動《うんどう》にかかわる部分《ぶぶん》）
体性感覚野《たいせいかんかくや》（※皮膚感覚《ひふかんかく》にかかわる部分《ぶぶん》）
②頭頂葉《とうちょうよう》
①前頭葉《ぜんとうよう》
頭頂後頭溝《とうちょうこうとうこう》
④側頭葉《そくとうよう》
外側溝《がいそくこう》（シルビウス溝《こう》）
③後頭葉《こうとうよう》

"葉《よう》"には
ひとかたまりの領域《りょういき》
という意味《いみ》がある！

者《じゃ》に手術《しゅじゅつ》が行《おこな》われる際《さい》、患者《かんじゃ》の大《だい》脳《のう》皮《ひ》質《しつ》に弱《よわ》い電気《でんき》しげきをあたえ、しげきをあたえた部位《ぶい》と、患者《かんじゃ》から反応《はんのう》があった体《からだ》の部位《ぶい》との関係《かんけい》を調《しら》べあげました。その成果《せいか》をまとめた図《ず》は、「ペンフィールドのホムンクルス」とよばれます。

ハカセMEMO《メモ》！

もうひとりの小人《こびと》

ペンフィールドは、運動野《うんどうや》でも実《じっ》験《けん》を行《おこな》ったゾ。下《した》のイラストは"運動野《うんどうや》のホムンクルス"じゃ。

なるほど理系脳《りけいのう》クイズ！

ペンフィールドは、実験《じっけん》の成果《せいか》をいつ報告《ほうこく》した？　①1185年《ねん》　②1954年《ねん》　③2002年《ねん》

5 「世界一《せかいいち》の天才《てんさい》」とよばれた アインシュタインの脳《のう》は重《おも》い？

よく「頭《あたま》がいい人《ひと》は、脳《のう》が重《おも》い（大《おお》きい）」などといわれますが、これは本当《ほんとう》なのでしょうか。

これまでに、日本《にっぽん》の文豪《ぶんごう》である夏目漱石《なつめそうせき》の脳《のう》や、ドイツの数学者《すうがくしゃ》カール・ガウスの脳《のう》などが調《しら》べられています。しかし、脳《のう》の重《おも》さと能力《のうりょく》の関係《かんけい》について、はっきりとした答《こた》えは出《で》ていません。

20世紀《せいき》を代表《だいひょう》する天才物理学者《てんさいぶつりがくしゃ》、アルバート・アインシュタインの脳《のう》も、かつて調査《ちょうさ》が行《おこな》われています。それによれば、脳《のう》の重《おも》さは、同《おな》じ歳《とし》の男性《だんせい》とかわらなかったといいます。

ただし、前頭前野《ぜんとうぜんや》（→9ページ）のしわは、場所《ばしょ》によって多《おお》かったり長《なが》かったりしたようです。前頭前野《ぜんとうぜんや》は、何《なに》かの計画《けいかく》や推理《すいり》など「考《かんが》えること」にかかわる部位《ぶい》です。また、しわが多《おお》い・長《なが》いということは、ふつうの人《ひと》よりも、大脳皮質《だいのうひしつ》の表面積《ひょうめんせき》が大《おお》きいということです。

ハカセMEMO《メモ》!

アインシュタインはバイオリンが好《す》き

アインシュタインは、バイオリンを演奏《えんそう》することがとても好《す》きだったらしいゾ。もしかしたら、自身《じしん》の専門分野《せんもんぶんや》とは関係《かんけい》のない知識《ちしき》や世界《せかい》にふれることが、すごいひらめきを生《う》みだす下地《したじ》をつくり上《あ》げたのかもしれんのォ。

クイズの答《こた》え：P105➡②

天才《てんさい》の脳《のう》は何《なに》がちがう？

アルバート・アインシュタイン
(1879 ～ 1955)

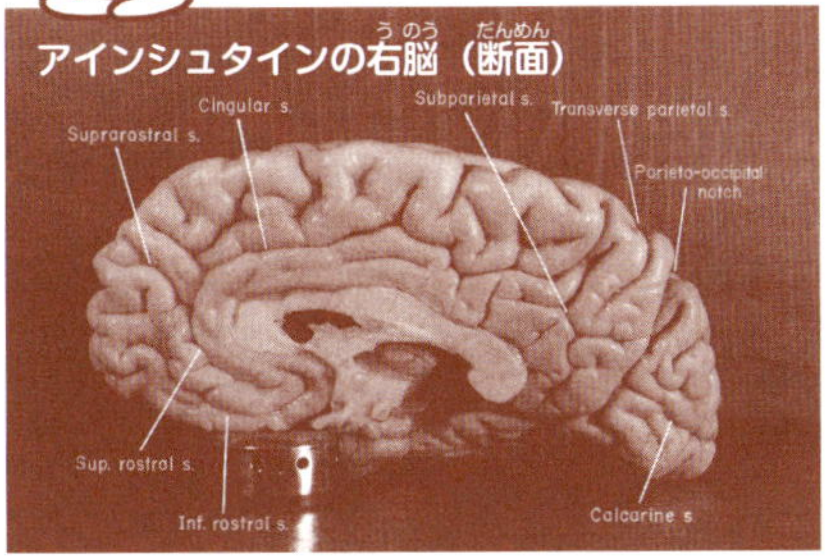

(OHA184.06.001.002.00001.00012) . OHA 184.06 Harvey Collection. Otis Historical Archives, National Museum of Health and Medicine.

アインシュタインの脳《のう》には、前頭前野《ぜんとうぜんや》のしわが多《おお》いという特徴《とくちょう》のほかに、左右《さゆう》の脳《のう》をつなぐ「脳梁《のうりょう》」がふつうの人《ひと》より厚《あつ》いという特徴《とくちょう》もあったんだって！
(＝脳梁《のうりょう》を通《とお》る神経《しんけい》の数《かず》が多《おお》く、左右《さゆう》の脳《のう》のつながりが強《つよ》い)

(↑) これらの特徴《とくちょう》が生《う》まれつきのものなのか、生《う》まれたあとにそうなったのかは不明《ふめい》。

なるほど理系脳《りけいのう》クイズ！

次《つぎ》のうち、夏目漱石《なつめそうせき》の作品《さくひん》は？ ①吾輩《わがはい》は猫《ねこ》である ②銀河鉄道《ぎんがてつどう》の夜《よる》 ③走《はし》れメロス

6

まだ食《た》べられる！「別腹《べつばら》」の正体《しょうたい》

食事《しょくじ》のあとに「デザートは別腹《べつばら》」などと言《い》って、あまいものを食《た》べる人《ひと》がいます。そのようすを見《み》て「無理《むり》をしているだけだろう…」などと感《かん》じる人《ひと》もいるでしょう。

あまいものに目《め》がない人《ひと》がデザートを見《み》ると、脳《のう》の中《なか》で「ドーパミン」や「β《ベータ》エンドルフィン」などの物質《ぶっしつ》が分泌《ぶんぴつ》されます。これにより、たとえおなかがいっぱいでも、「このデザートを食《た》べたい！」という気持《きも》ちが高《たか》まります。

また、脳《のう》の中《なか》で「オレキシン」という物質《ぶっしつ》が分泌《ぶんぴつ》されることで、胃《い》の中《なか》にあったものが十二指腸《じゅうにしちょう》へと送《おく》りだされ、胃《い》の入《い》り口《ぐち》付近《ふきん》に“食《た》べものが入《はい》る小《ちい》さなスペース”が生《う》まれます。このスペースが別《べつ》腹《ばら》の正体《しょうたい》です。

すなわち、本人《ほんにん》も決《けっ》して無理《むり》はしていませんし、別腹《べつばら》は本当《ほんとう》に存《そん》在《ざい》するのです。

ハカセMEMO《メモ》！

すぐにはすかない、おなか

「おなかがすいた」という感覚《かんかく》も、血液《けつえき》中《ちゅう》のブドウ糖《とう》の濃度《のうど》や胃《い》の大《おお》きさから、脳《のう》の視床下部《ししょうかぶ》が判断《はんだん》することで生《う》まれるゾ（左《ひだり》ページ上《うえ》）。ただし、ブドウ糖《とう》の濃度《のうど》が下《さ》がり、胃《い》が空《から》っぽになっても、すぐには空腹《くうふく》を感《かん》じないのじゃ。「においをかぐ」「時計《とけい》を見《み》る」など、食《た》べものと関連《かんれん》したしげきを受《う》けて、はじめてワシらは「おなかがすいた」と感《かん》じるのじゃ。

クイズの答《こた》え：P107➡①

脳《のう》が生《う》みだす「別腹《べつばら》」

★満腹《まんぷく》のとき

「おなかがいっぱい」という感覚《かんかく》は、血液《けつえき》中《ちゅう》のブドウ糖《とう》の濃度《のうど》（＝上《あ》がっているかどうか）や、胃《い》の大《おお》きさ（＝ふくらんでいるかどうか）などから、脳《のう》の視床下部《ししょうかぶ》が総合的《そうごうてき》に判断《はんだん》することで生《う》まれる。

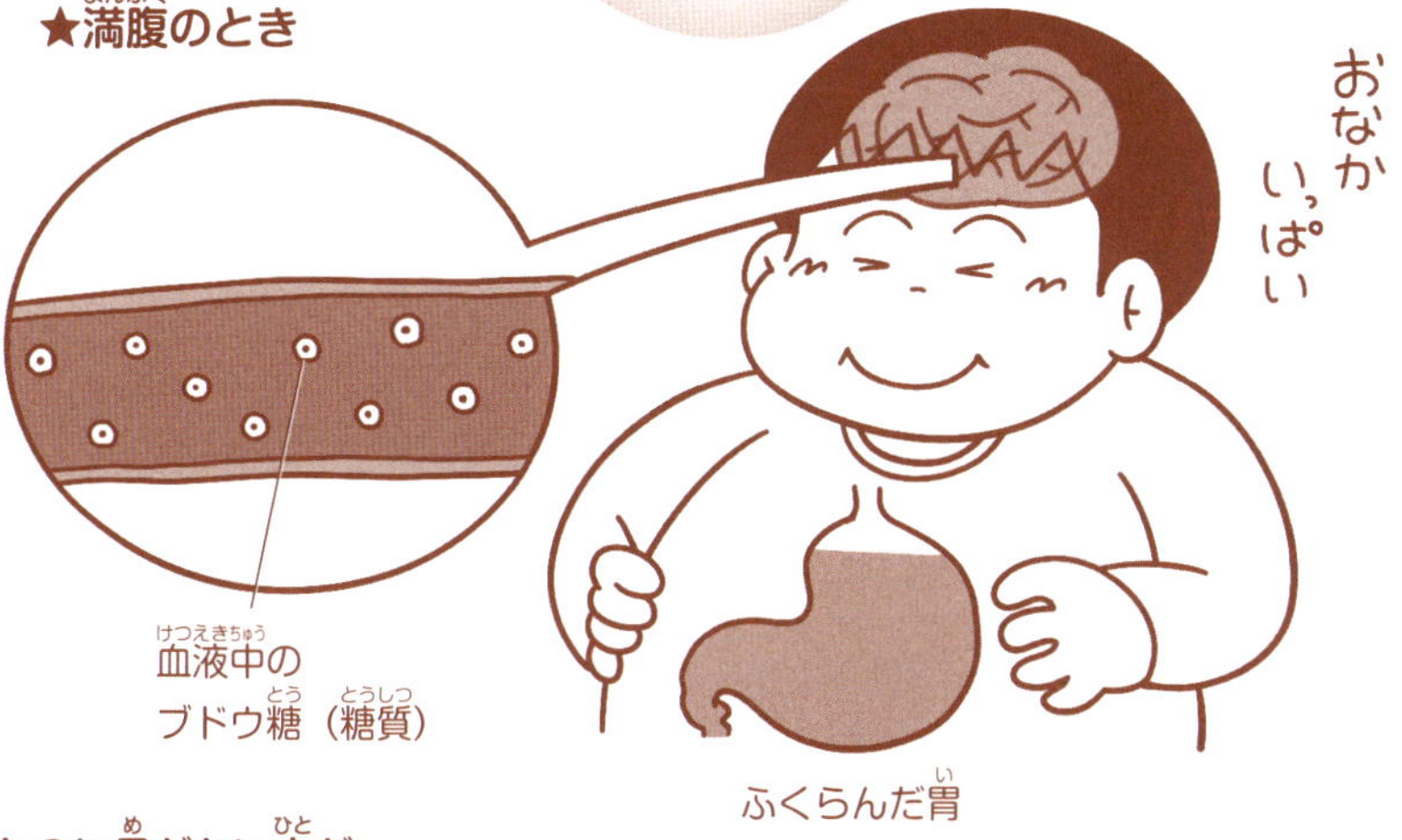
おなかいっぱい
血液中《けつえきちゅう》の
ブドウ糖《とう》（糖質《とうしつ》）
ふくらんだ胃《い》

★あまいものに目《め》がない人《ひと》が
あまいものを見《み》ると…

食《た》べたい！
・ドーパミン（興奮《こうふん》や気持《きも》ちよさを生《う》む）
・β《ベータ》エンドルフィン（満足《まんぞく》した気持《きも》ちや幸《しあわ》せな気持《きも》ちを生《う》む）
・オレキシン（食欲《しょくよく》を増《ま》すはたらきをもつ）
胃《い》の入《い》り口付近《ぐちふきん》に
小《ちい》さなスペースが生《う》まれる
これが別腹《べつばら》！

なるほど理系脳《りけいのう》クイズ！

血液中《けつえきちゅう》のブドウ糖《とう》の濃度《のうど》は、何《なん》とよばれる？　①血圧《けつあつ》　②血糖値《けっとうち》　③ホルモン

7

思《おも》わず出《で》てしまう…
あくびは、なぜうつる？

あくびをしている人《ひと》を見《み》ると、自分《じぶん》も無意識《むいしき》のうちに、あくびをしてしまうことがあります。あくびは、なぜ“伝染《でんせん》する”のでしょうか。

あくびの伝染《でんせん》がみられるのは主《おも》に成人《せいじん》で、赤《あか》ちゃんや小《ちい》さな子供《こども》（乳幼児《にゅうようじ》）ではみられにくい、という調査結果《ちょうさけっか》があります※。このことから、あくびの伝染《でんせん》には、ほかの人《ひと》と同《おな》じ感情《かんじょう》をもつ「共感《きょうかん》」という心《こころ》のはたらきが、何《なん》らかのかかわりをもつと考《かんが》えられています。

ちなみに、あくびは人間《にんげん》だけのものではありません。たとえばネコは、ジャンプに失敗《しっぱい》したり、知《し》らない人《ひと》に見《み》つめられたりしたときに、よくあくびをします。これは、直前《ちょくぜん》の行動《こうどう》とはまったく関係《かんけい》のない行動《こうどう》をすることで、どうようやストレスをしずめようとしているのです（このような行動《こうどう》は、「転位行動《てんいこうどう》」とよばれる）。

※自閉傾向《じへいけいこう》のある子供《こども》や、統合失調症《とうごうしっちょうしょう》の人《ひと》にも、あくびが伝染《でんせん》しにくいといった報告《ほうこく》もある。

ハカセ MEMO《メモ》!

ダーウィンとあくび

進化論《しんかろん》で知《し》られるイギリスの科学者《かがくしゃ》、チャールズ・ダーウィンは「イヌもウマもヒトも、あくびをする。これを見《み》るにつけ、すべての動物《どうぶつ》が同《おな》じ基礎《きそ》の上《うえ》に成《な》り立《た》っていると感《かん》じる」とノートに書《か》き記《しる》したそうじゃ。なお、人間《にんげん》はあくびをすると、ほおにある筋肉《きんにく》が強《つよ》く引《ひ》きのばされて脳幹《のうかん》がしげきされ、大脳《だいのう》の“目《め》が覚《さ》める”ゾ（＝頭《あたま》が少《すこ》しスッキリする）。

あくびをする動物《どうぶつ》たち

ライオン

ゾウガメ

アメリカバク

インコ

うつった…
あくびのしくみや役割《やくわり》は
まだ完全《かんぜん》には解明《かいめい》されて
いないんだよ…

なるほど理系脳《りけいのう》クイズ！

ネコの、「あくび」以外《いがい》の転位行動《てんいこうどう》は？　①エサを食《た》べる　②つめをとぐ　③大声《おおごえ》で鳴《な》く

8

すいみんをコントロールする「ねむけ」と「体内時計《たいないどけい》」

すいみんは、「ねむけ」と「体内時計《たいないどけい》」のバランスによって、コントロールされていると考《かんが》えられています。

ねむけとは「ねむりを欲《ほっ》する気持《きも》ち」です。ねむけは、目《め》が覚《さ》めている間《あいだ》に「すいみん圧《あつ》」が少《すこ》しずつたまることで生《う》まれます（目《め》が覚《さ》めている時間《じかん》が長《なが》くなるにしたがって、多《おお》くたまる）。たまったすいみん圧《あつ》は、ねむることで解消《かいしょう》されます。

一方《いっぽう》、体内時計《たいないどけい》とは、私《わたし》たちの体《からだ》の中《なか》にある〝1日《にち》（約《やく》24時間《じかん》）のリズムをつくりだす時計《とけい》〟のことです。体内時計《たいないどけい》は、ねむけとは独立《どくりつ》して、私《わたし》たちを目覚《めざ》めさせる信号《しんごう》（覚醒《かくせい》シグナル）を出《だ》しています。この信号《しんごう》は1日《にち》のなかで強《つよ》さが変化《へんか》し、夜《よる》9時《じ》ごろにピークをむかえます。

なお、すいみんには、このようなしくみだけでは説明《せつめい》しきれないことも、たくさんあります。

ハカセMEMO《メモ》！

時差《じさ》ぼけ

海外旅行《かいがいりょこう》に行《い》った先《さき》で（海外旅行《かいがいりょこう》から帰《かえ》ってきたあとに）、日中《にっちゅう》にねむくなったり、夜《よる》に目《め》が覚《さ》めたりする状態《じょうたい》を「時差《じさ》ぼけ」というゾ。時差《じさ》ぼけは、体内時計《たいないどけい》のピーク（リズム）と、ねむけのピーク（リズム）が、時差《じさ》によって乱《みだ》れることで生《しょう》じるのじゃ。

ねむけと体内時計《たいないどけい》

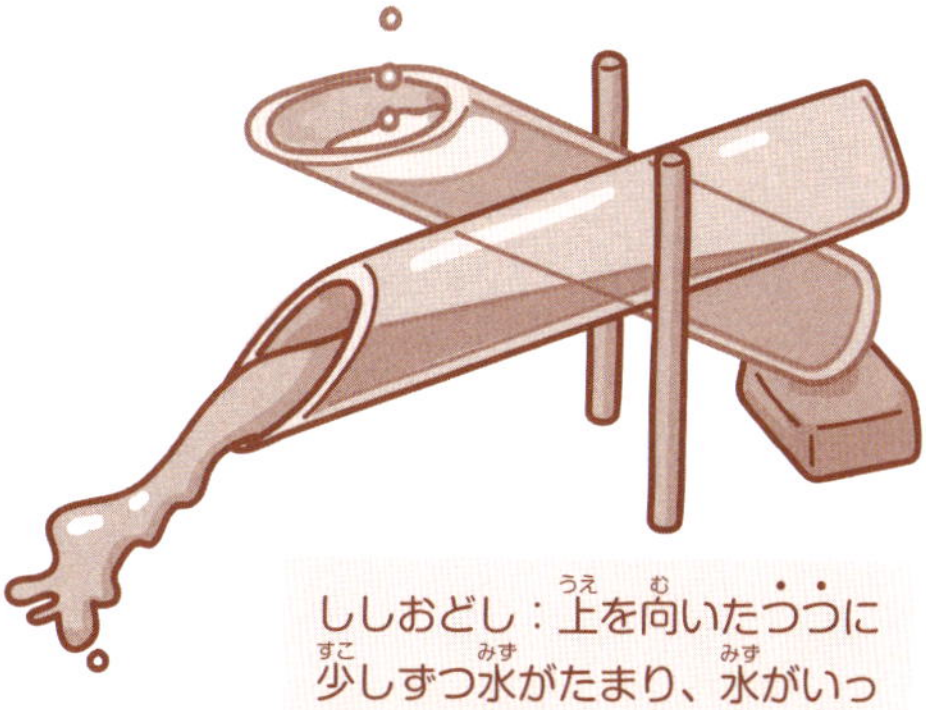

ししおどし：上《うえ》を向《む》いたつつに少《すこ》しずつ水《みず》がたまり、水《みず》がいっぱいになると、つつが下《した》を向《む》いて水《みず》が減《へ》っていくそうち。

ねむけ

ねむけは、ししおどしのように、目《め》が覚《さ》めている間《あいだ》にすいみん圧《あつ》が少《すこ》しずつたまることで生《う》まれる。すいみんに入《はい》ると、しだいに解消《かいしょう》される。

体内時計《たいないどけい》

全身《ぜんしん》のすべての細胞《さいぼう》に備《そな》わっていて、視床下部《ししょうかぶ》の「視交叉上核《しこうさじょうかく》」という部分《ぶぶん》でコントロールされている。

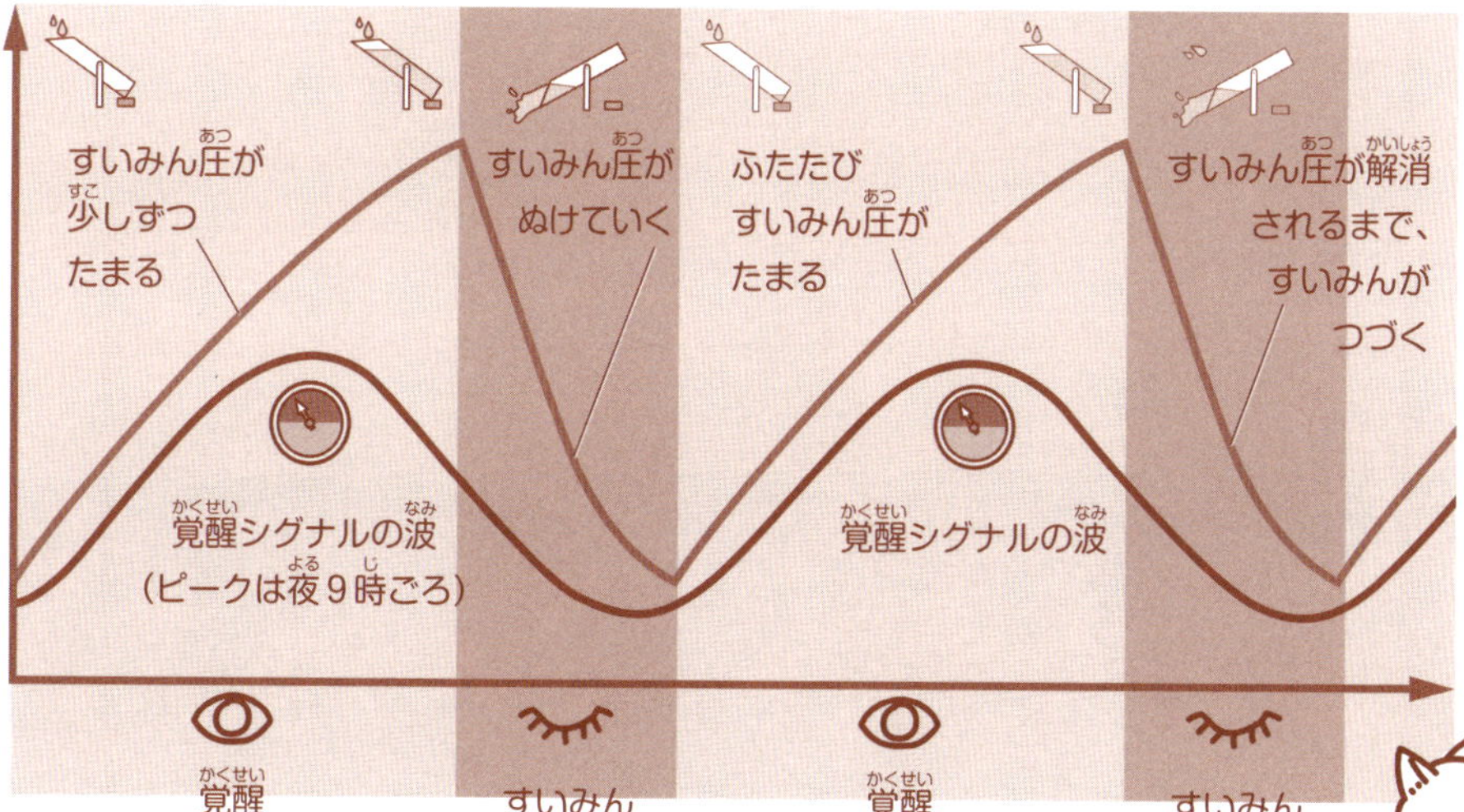

なるほど理系脳《りけいのう》クイズ！

視床下部《ししょうかぶ》は、どこの一部《いちぶ》？　①間脳《かんのう》　②大脳《だいのう》　③頭蓋骨《ずがいこつ》

ねる子《こ》は育《そだ》つ
ホー
ホー
わあん様《さま》
わあん様《さま》！
カイセツクン
GAME
ボーン
ボーン
もう こんな時間《じかん》ですよ
早《はや》くベッドで休《やす》まれたほうが…
にゅっ

みっ…
耳《みみ》で耳《みみ》をふさがないでください!
ピタッ
耳《みみ》?
あああ…
お国《くに》ではこんな姿《すがた》ではなかったのに…
ポリ
ポリ
なげかわしい…
ん? 何《なん》ですか?
わあん
"お前《まえ》さんのつまらない話《はなし》を聞《き》いていればねられるかも"ですって!?
もーー!!!
いいですか? われわれ生《い》きものはねないと大変《たいへん》なことになるんですよ!
くど くど
くどくどくど
たとえば人間《にんげん》の例《れい》だと…
♪ピロリーン
お宝《たから》ゲットだぜー

アメリカにすむ
ランディ・ガードナー
という高校生《こうこうせい》が
1964年《ねん》に
何日間《なんにちかん》ねずに
いられるかという
実験《じっけん》を行《おこな》いました
ペラ ペラ ペラ ペラ
ペラ ペラ ペラ
やるぜ!
ちなみにこれは
彼《かれ》が自由研究《じゆうけんきゅう》のテーマ
として選《えら》んだもの※で…
自由研究《じゆうけんきゅう》
ランディ
すいみんの研究者《けんきゅうしゃ》である
ウィリアム・デメント博士《はくし》
立《た》ち会《あ》いのもとで行《おこな》われた
ちょうせんです
よろしく
お願《ねが》いします!
オッケー
みなさんは
ぜったいに
真似《まね》しないで
くださいね!
とっても
キケンです!
わあん様《さま》
ランディは
どうなったと
思《おも》います?
GAME
変化《へんか》が
出《で》はじめたのは
2日目《ふつかめ》です
DAY2
目《め》のしょうてんが
定《さだ》まらなくなった
のです!
フワ
フワ

※長期間《ちょうきかん》ねむらないことが、人体《じんたい》にどのような、えいきょうをあたえるのかを調《しら》べた。

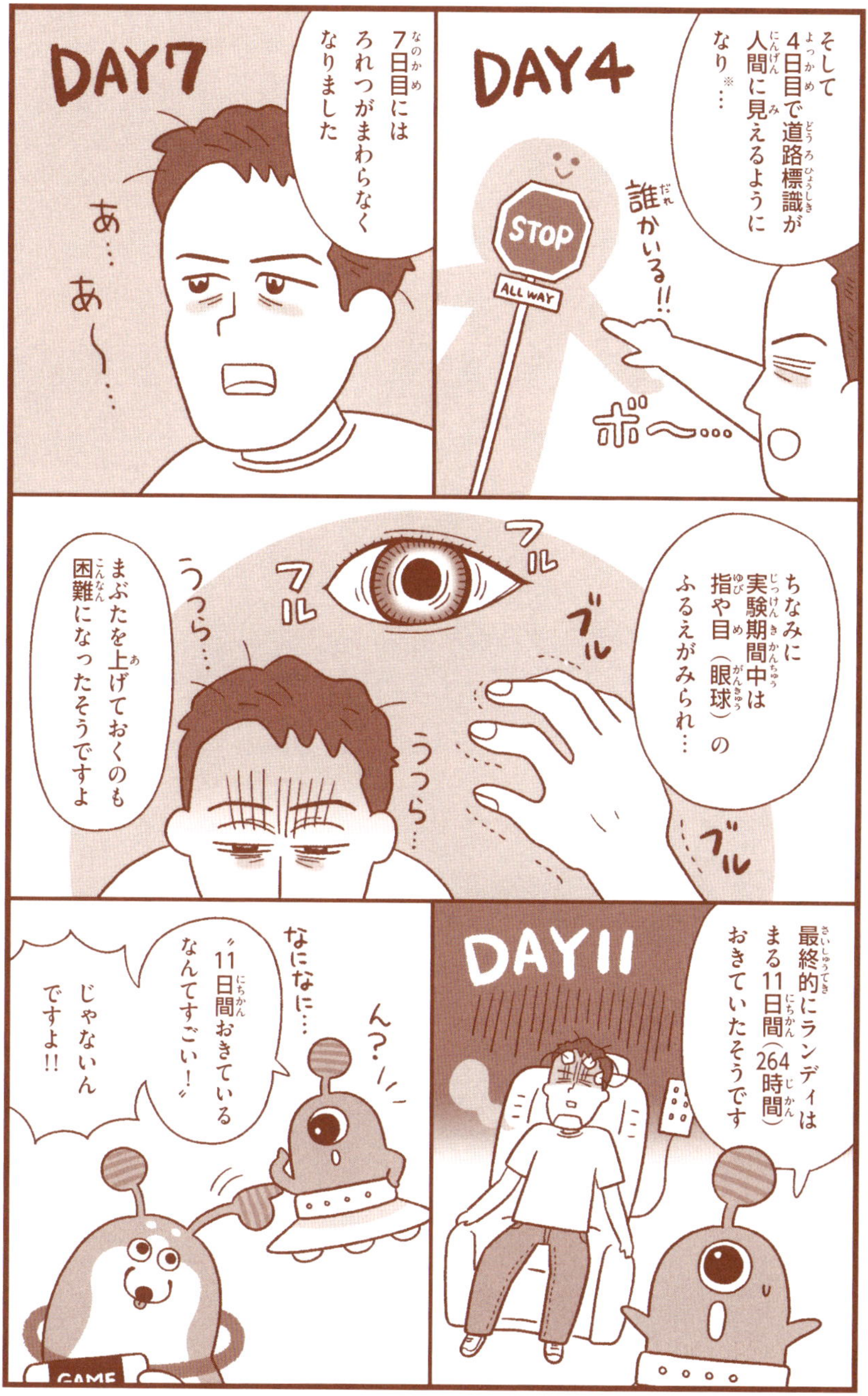

※きおくも、ぬけ落《お》ちるようになった。

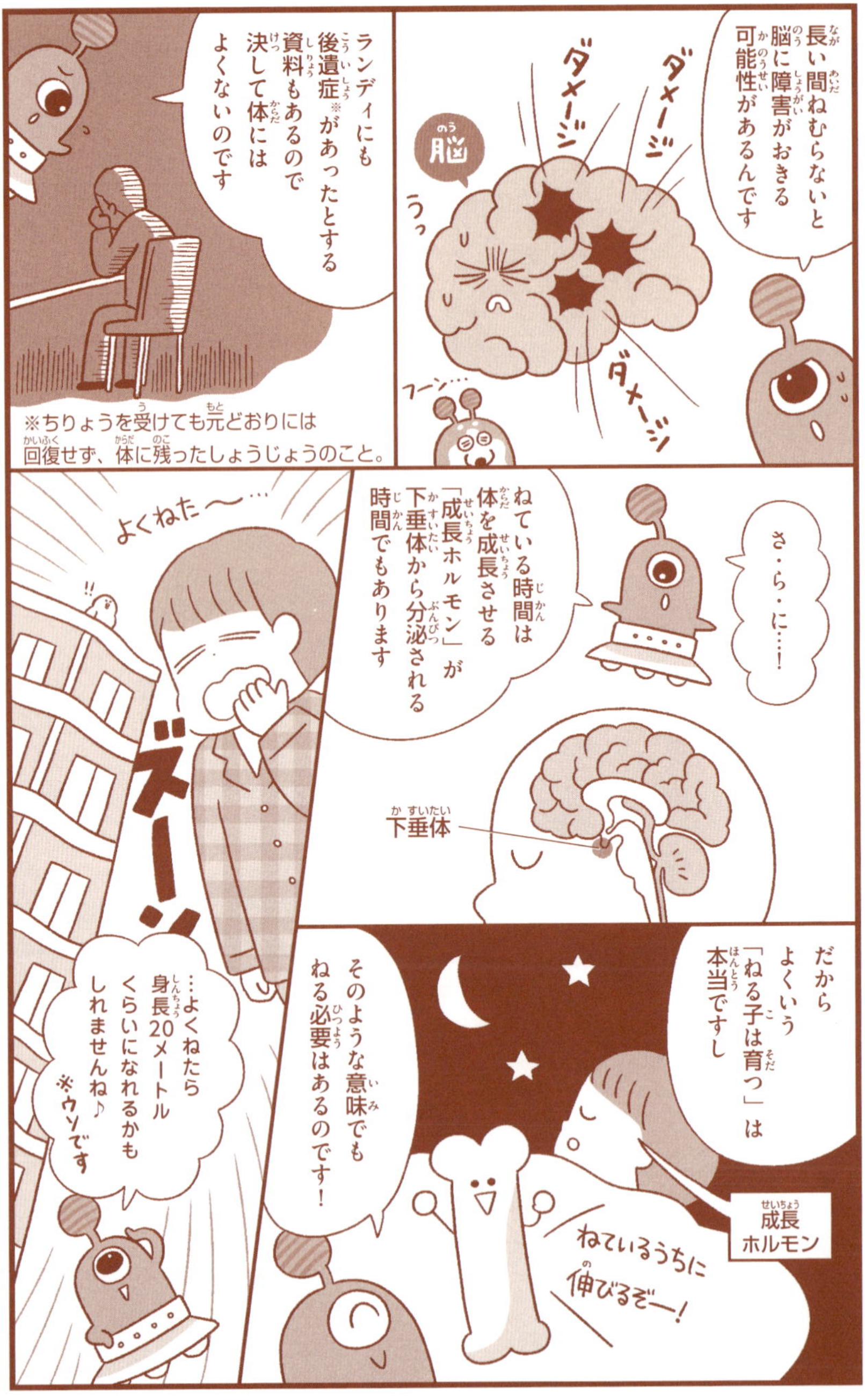

長《なが》い間《あいだ》ねむらないと脳《のう》に障害《しょうがい》がおきる可能性《かのうせい》があるんです
ダメージ
ダメージ
ダメージ
脳《のう》
うっ
フーン…
ランディにも後遺症《こういしょう》※があったとする資料《しりょう》もあるので決《けっ》して体《からだ》にはよくないのです
※ちりょうを受《う》けても元《もと》どおりには回復《かいふく》せず、体《からだ》に残《のこ》ったしょうじょうのこと。
さ・ら・に…！
ねている時間《じかん》は体《からだ》を成長《せいちょう》させる「成長《せいちょう》ホルモン」が下垂体《かすいたい》から分泌《ぶんぴつ》される時間《じかん》でもあります
下垂体《かすいたい》
だからよくいう「ねる子《こ》は育《そだ》つ」は本当《ほんとう》ですし
そのような意味《いみ》でもねる必要《ひつよう》はあるのです！
成長《せいちょう》ホルモン
ねているうちに伸《の》びるぞー！
よくねた〜…
!!
ズーン
…よくねたら身長《しんちょう》20メートルくらいになれるかもしれませんね♪
※ウソです

ガチャ
…おいっ!
どうしましたりんご様《さま》?
オマエの話《はな》し声《ごえ》が大《おお》きくてねられないんだよ!
ファ～…
何《なに》やらおもしろそうな話《はなし》が聞《き》こえるのォ～
すみません…
わぁん様《さま》がなかなか ねてくれなくて
ねてるけど?
ええっ!!?
だからウルサイっての
スヤァ…
よかったのォ…

9

大脳《だいのう》のおくにある きおくを司《つかさど》る〝馬《うま》〟

授業《じゅぎょう》の内容《ないよう》や、お昼《ひる》に食《た》べたものなど、私《わたし》たちは日々《ひび》経験《けいけん》したことを「きおく」しています。

このようなきおく（エピソードきおく）に深《ふか》くかかわっているのが、脳《のう》のおくにある「海馬《かいば》」という部位《ぶい》です。海馬《かいば》は、ギリシャ神《しん》話《わ》に登場《とうじょう》する「海神《かいじん》・ポセイドン」が乗《の》る馬《うま》の前《まえ》あしに形《かたち》が似《に》ていることから、その名《な》がつけられたといわれています。

一方《いっぽう》で、勉強《べんきょう》や読書《どくしょ》、買《か》い物《もの》などをするとき、私《わたし》たちは目《め》にした内容《ないよう》や買《か》うべきものを一時的《いちじてき》に覚《おぼ》えておきながら、考《かんが》えたり理解《りかい》したり、売《う》り場《ば》を探《さが》したりする必要《ひつよう》があります。

このように、行動《こうどう》のために物事《ものごと》を脳《のう》に一時的《いちじてき》にきおくするしくみを「ワーキングメモリ」といいます。ワーキングメモリには、大脳《だいのう》皮質《ひしつ》の前頭前野《ぜんとうぜんや》にある「46野《や》」が（→9ページ）深《ふか》くかかわっています。

ハカセMEMO《メモ》!

タツノオトシゴ

海《うみ》などにすむ「タツノオトシゴ」（右《みぎ》の写真《しゃしん》）は、日本語《にほんご》で「海馬《かいば》」とあらわすのじゃ。ちなみに日本語《にほんご》では、トドやセイウチ、オットセイなども、海馬《かいば》とあらわされるゾ。

きおくにかかわる海馬《かいば》と46野《や》

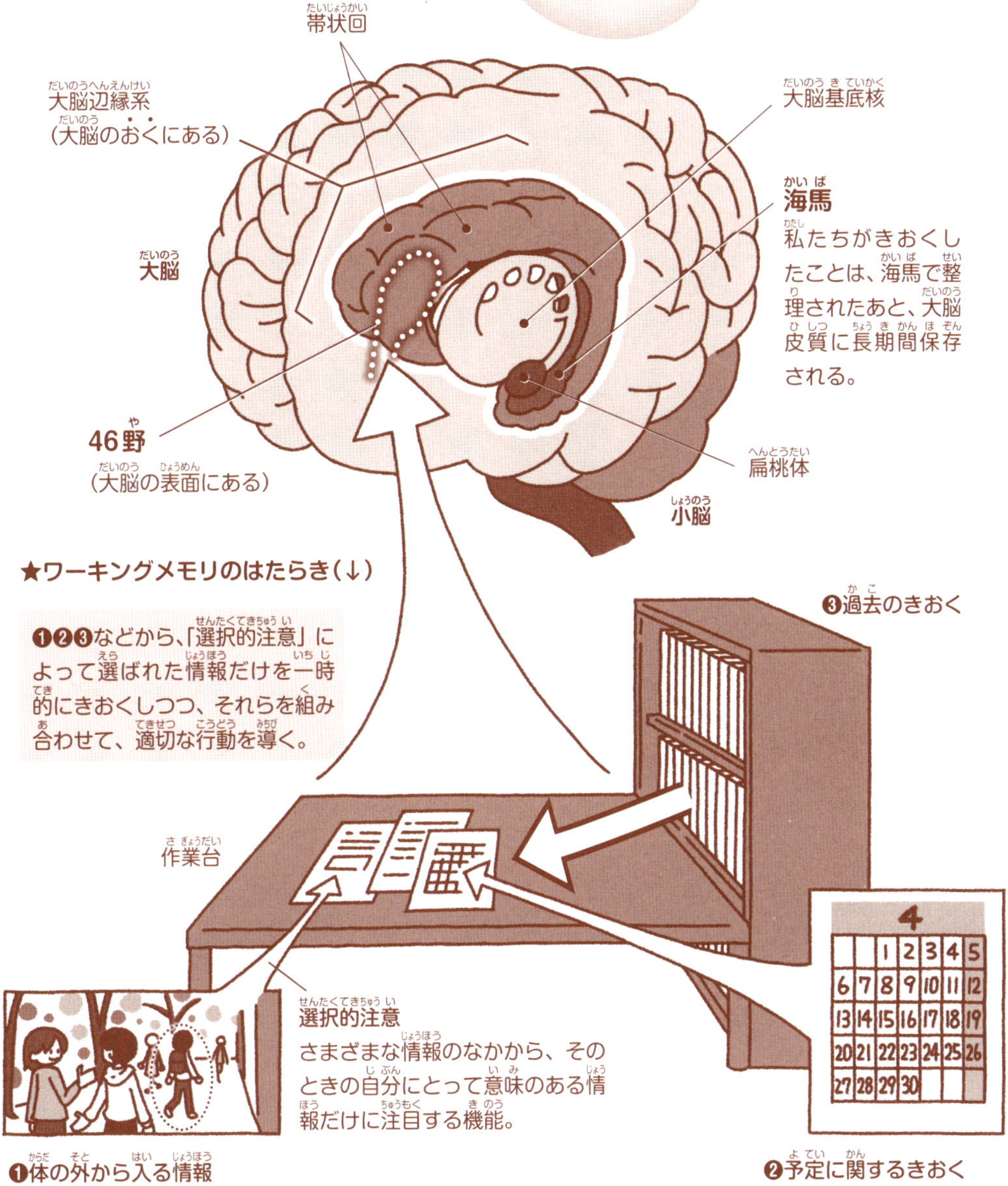

なるほど理系脳《りけいのう》クイズ！

タツノオトシゴは、何《なん》の仲間《なかま》？　①貝《かい》　②カニ　③魚《さかな》

10

不思議《ふしぎ》…きおくは、確《たし》かなようであいまい

家族《かぞく》や友人《ゆうじん》と思《おも》い出話《でばなし》をしているとき、その場《ば》にいた人物《じんぶつ》や場所《ばしょ》などについて、話《はなし》がかみあわないことがあります。

実《じつ》は、きおく力《りょく》は、あまりに強《つよ》い感情《かんじょう》をもつと低下《ていか》します。つまり、すごく楽《たの》しかった旅行《りょこう》や、すごくくやしかった失敗《しっぱい》は、その細《さい》部《ぶ》をあまり覚《おぼ》えていないのです。

また、そのときのきおくを何《なん》とか思《おも》いだそうとすると、誤《あやま》った情《じょう》報《ほう》をもとにしてしまい、事実《じじつ》とはことなるきおくが、私《わたし》たちのなかにつくられる場合《ばあい》があります。

バラバラの情報《じょうほう》からきおくを思《おも》いだそうとすることを「ソースモニタリング」、誤《あやま》った情報《じょうほう》をもとに思《おも》いだすことを「ソースモニタリングエラー」といいます。

こうして導《みちび》きだされたきおくは頭《あたま》の中《なか》で〝はっきりとしたもの〟として感《かん》じられるので、誤《あやま》りであることに気《き》づくのはむずかしいとされています。

ハカセMEMO《メモ》!

テストの前日《ぜんじつ》に困《こま》ったときは…

ワシらのパフォーマンスは、強《つよ》い（または弱《よわ》い）きんちょう感《かん》やストレスのもとではダウンするが、ほどよいきんちょう感《かん》やストレスのもとではアップするゾ。もし、テストの前日《ぜんじつ》に漢字《かんじ》が覚《おぼ》えられない場合《ばあい》は、あせってがんばろうとするよりも、「半分《はんぶん》でいいから完《かん》ぺきに覚《おぼ》える」という目標《もくひょう》に切《き》りかえたほうが、よりよい成果《せいか》を手《て》に入《い》れられる可能性《かのうせい》が高《たか》いのじゃ。

ソースモニタリングエラー

前頭前野《ぜんとうぜんや》

きおくの想起《そうき》（思《おも》いだすこと）にかかわっている。きおくの想起《そうき》は、日付《ひづけ》のわからないパズルを集《あつ》めて、ひとつに組《く》み上《あ》げることにたとえられる。

なるほど理系脳《りけいのう》クイズ！

情報《じょうほう》を一時的《いちじてき》にきおくしておく、パソコンのパーツは？　①CPU《シーピーユー》　②マウス　③メモリ

11

身近《みぢか》にひそむ…やめられない「依存症《いぞんしょう》」

あるものに心《こころ》をうばわれ、やめたくてもやめられなくなり、生活《せいかつ》に支障《ししょう》をきたすようになる状態《じょうたい》を「依存症《いぞんしょう》」といいます。〝あるもの〟は、ギャンブル、お酒《さけ》、タバコ、薬物《やくぶつ》など、人《ひと》によってさまざまです。

依存症《いぞんしょう》は、思《おも》いもよらないものがきっかけになる場合《ばあい》もあります。たとえば現在《げんざい》、インターネットやゲームに依存《いぞん》する人《ひと》がふえて、問《もん》題《だい》になっています。

コーヒーやエナジードリンクにふくまれる「カフェイン」も、そのひとつです。カフェインには頭《あたま》をさえさせる効果《こうか》がありますが、脳《のう》がカフェインのしげきに慣《な》れると、同《おな》じ量《りょう》ではその効果《こうか》が得《え》られにくくなっていきます。すると、しだいにより多《おお》くのカフェインをとるようになり、最悪《さいあく》の場合《ばあい》死《し》に至《いた》ります※。

※大人《おとな》の場合《ばあい》、短時間《たんじかん》に約《やく》200～1000ミリグラムのカフェインをとると、中毒《ちゅうどく》しょうじょうがおきるとされている。

ハカセ MEMO《メモ》!

熱中《ねっちゅう》と依存症《いぞんしょう》の境目《さかいめ》は？

何《なに》かを、あと少《すこ》しだけやろうと思《おも》うことは、だれしもあるじゃろう。また、SNS《エスエヌエス》の「いいね」の数《かず》が気《き》になって仕方《しかた》がないという人《ひと》も多《おお》いはずじゃ。では、どこまでが「熱中《ねっちゅう》」で、どこからが「依存症《いぞんしょう》」なのか。実《じつ》は、はっきりとした決《き》まりはないのじゃ。本人《ほんにん》の生活《せいかつ》にどれだけ支障《ししょう》が出《で》ているかで、依存症《いぞんしょう》のちりょうを行《おこな》うべきかどうかが判断《はんだん》されることが多《おお》いようじゃ。

やめられなくなるものの例《れい》

インターネット

ゲーム

ギャンブル

お酒《さけ》

タバコ

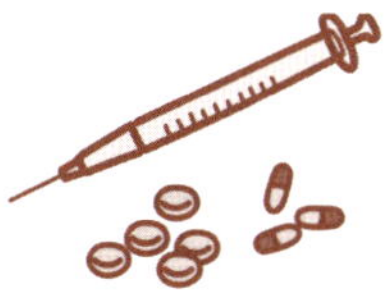

薬物《やくぶつ》　など

★こわい「カフェイン依存症《いぞんしょう》」

❶エナジードリンクを飲《の》むと、頭《あたま》がさえる。

❷飲《の》む機会《きかい》が多《おお》くなると、カフェインの効果《こうか》が得《え》られにくくなり、飲《の》む量《りょう》がふえる。

❸飲《の》むのをやめると、頭痛《ずつう》やはき気《け》、ねむけ、ひろう感《かん》などに苦《くる》しむ。このとき、カフェインが欲《ほ》しくてたまらなくなる場合《ばあい》がある。

❹よりカフェインを多《おお》くふくむ「カフェイン錠剤《じょうざい》」も、あわせて飲《の》むようになる。やがて、重度《じゅうど》の中毒《ちゅうどく》しょうじょうがおきて、最悪《さいあく》の場合《ばあい》死《し》に至《いた》る。

なるほど理系脳《りけいのう》クイズ！

エナジードリンク1本《ぽん》にふくまれるカフェインの量《りょう》は、約何《やくなん》ミリグラム？　①3～15　②50～150

12

どっちがすごい？ AI《エーアイ》 vs 人間《にんげん》の脳《のう》

私《わたし》たちは、よく「AI《エーアイ》」という言葉《ことば》を耳《みみ》にします。AI《エーアイ》とは、Artificial Intelligenceの略《りゃく》で「人《じん》工知能《こうちのう》」ともよばれます。簡単《かんたん》にいえば〝人間《にんげん》の脳《のう》のように考《かんが》えるかしこいコンピュータ〟のことで、スマートフォンの音声《おんせい》アシスタントや、部屋《へや》の状態《じょうたい》にあわせて自動《じどう》的《てき》に風量《ふうりょう》や温度《おんど》を調節《ちょうせつ》するエアコンなどに使《つか》われています。

また、AI《エーアイ》はチェスや将棋《しょうぎ》、囲《い》碁《ご》などで、これまでに何度《なんど》も人間《にんげん》と対戦《たいせん》してきました。アメリカのIBM《アイビーエム》社《しゃ》が開発《かいはつ》した「ディープ・ブルー（Deep Blue）」というコンピュータが、1997年《ねん》にチェスの世界《せかい》チャンピオンにはじめて勝利《しょうり》したときは、大《おお》きな話題《わだい》となりました。

なお、昔《むかし》のAI《エーアイ》は人間《にんげん》が必要《ひつよう》な知識《ちしき》を教《おし》えこんでいましたが、現《げん》代《だい》のAI《エーアイ》は、AI《エーアイ》自身《じしん》が経験《けいけん》を通《とお》してみずから学習《がくしゅう》し、より最適《さいてき》な答《こた》えを出《だ》します。

ハカセMEMO《メモ》!

AI《エーアイ》は実現《じつげん》していない？

AI《エーアイ》という言葉《ことば》が誕生《たんじょう》したのは、今《いま》から約《やく》70年《ねん》ほど前《まえ》の1956年《ねん》じゃ。アメリカのダートマス大学《だいがく》で開《ひら》かれた研究会《けんきゅうかい》議《ぎ》で、「人間《にんげん》と同《おな》じように考《かんが》える知的《ちてき》なコンピュータ」を、そうよぶことにしたのじゃ。この意味《いみ》では、現在《げんざい》もAI《エーアイ》は実現《じつげん》していないことになるのォ。

暮《く》らしのなかで活《かつ》やくするAI《エーアイ》

※ AI《エーアイ》の形《かたち》や学習方法《がくしゅうほうほう》はイメージ。

なるほど理系脳《りけいのう》クイズ！

「ChatGPT《チャットジーピーティー》」というAI《エーアイ》は何《なに》ができる？　①歌《うた》を歌《うた》う　②文章《ぶんしょう》や画像《がぞう》、動画《どうが》などを生成《せいせい》する

ハカセの一言《ひとこと》！

☆★ サルが進化《しんか》したら、人間《にんげん》になる？ ★☆

チンパンジーやオランウータンなどのサル（類人猿《るいじんえん》）は、絵《え》を描《か》いたり道具《どうぐ》を使《つか》ったりするなど、高《たか》い知能《ちのう》をもっているのォ。では、彼《かれ》らが進化《しんか》したら、いつか人間《にんげん》になるのだろうか。…答《こた》えは「ならない」のじゃ。

人間《にんげん》も、チンパンジーも、オランウータンも、みんな同《おな》じご先祖《せんぞ》さまから分《わ》かれた（進化《しんか》した）「グループ」じゃ。これを木《き》で例《たと》えると、ご先祖《せんぞ》さまは「幹《みき》」、人間《にんげん》・チンパンジー・オランウータンは「枝《えだ》」じゃ。

木《き》が成長《せいちょう》するとき、ある枝《えだ》がほかの枝《えだ》につながることがないように、人間《にんげん》がチンパンジーになったり、オランウータンが人間《にんげん》になったりすることは、決《けっ》してないのじゃ。

クイズの答《こた》え：P127➡②

5章《しょう》

体《からだ》を守《まも》れ！免《めん》疫《えき》システム

60秒《びょう》でわかる 体《からだ》を守《まも》れ！ 免疫《めんえき》システム

私《わたし》たちの体《からだ》には、体《からだ》の外《そと》からしんにゅうしてくる病原体《びょうげんたい》から、体《からだ》を守《まも》るしくみが備《そな》わっているんだ！

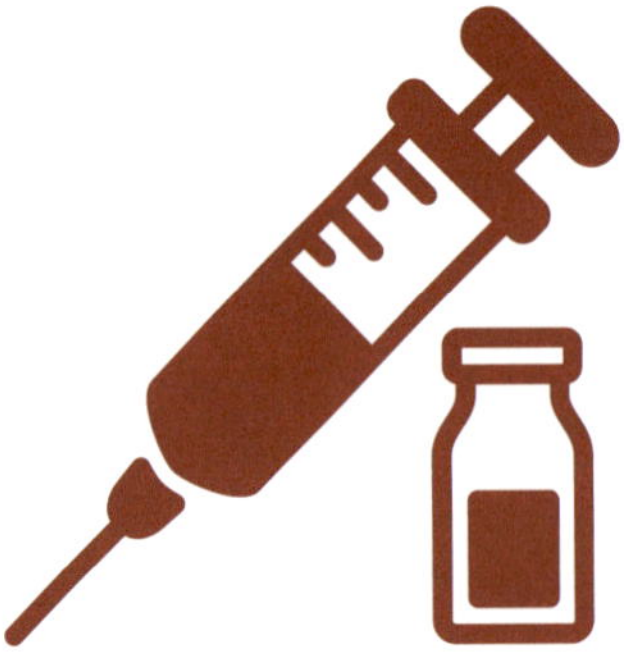

予防接種《よぼうせっしゅ》は何《なん》のため？

(→140ページ)

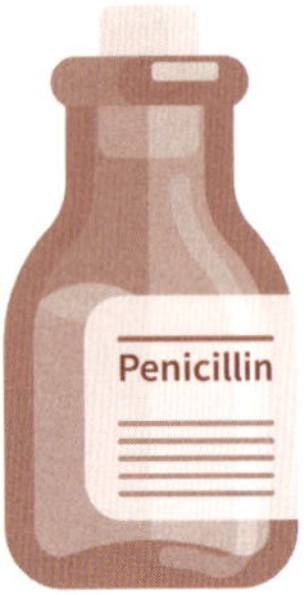

カビから薬《くすり》が生《う》まれた！ (→142ページ)

(←)
暴走《ぼうそう》する免疫《めんえき》システム
「自《じ》己《こ》免疫《めんえき》疾患《しっかん》」
「アレルギー」
(→146ページ～)

カゼで命《いのち》を落《お》とさないのは
免疫《めんえき》システムのおかげ
(→132ページ)

インフルエンザにかかったとき
体内《たいない》で何《なに》がおきている？
（→138ページ）

似《に》ているようでちがう
細菌《さいきん》とウイルス
（→136ページ）

カゼをひくと、なぜ
ふだんとはちがう鼻水《はなみず》が出《で》る？
（→134ページ）

iPS

きょぜつ反応《はんのう》がおきない！
未来《みらい》の臓器《ぞうき》移植《いしょく》
（→152ページ）

がん細胞《さいぼう》は、だれにでもある
（→144ページ）

1

カゼで命《いのち》を落《お》とさないのは…
免疫《めんえき》システムのおかげ

私《わたし》たちのまわりには、目《め》に見《み》えないほど小《ちい》さな病原体《びょうげんたい》（細菌《さいきん》やウイルスなど）がたくさん存在《そんざい》しています。病原体《びょうげんたい》は、口《くち》や鼻《はな》から、つねに私《わたし》たちの体内《たいない》へのしんにゅうを試《こころ》みています。

私《わたし》たちの体《からだ》には、そのようなしんにゅう者《しゃ》から体《からだ》を守《まも》るしくみが備《そな》わっています。これを「免疫《めんえき》システム」といいます。もし、免疫《めんえき》システムがなかったら、私《わたし》たちはちょっとしたカゼでさえ、命《いのち》を落《お》としてしまうでしょう。

免疫《めんえき》システムで活《かつ》やくするのが「免疫細胞《めんえきさいぼう》」です。免疫細胞《めんえきさいぼう》は白血球《はっけっきゅう》の一種《いっしゅ》で、下《した》に示《しめ》したように、さまざまな種類《しゅるい》があります。

このうち、❹～❽は「リンパ球《きゅう》」とよばれます。リンパ球《きゅう》はふだん、血液《けつえき》やリンパ液《えき》の中《なか》をパトロールして、しんにゅう者《しゃ》がいないかどうかをチェックしています。

ハカセMEMO《メモ》!

免疫細胞《めんえきさいぼう》の仲間《なかま》たち

免疫細胞《めんえきさいぼう》には、❶マクロファージ、❷好中球《こうちゅうきゅう》、❸樹状細胞《じゅじょうさいぼう》、❹NK細胞《エヌケー さいぼう》、❺B細胞《ビーさいぼう》、❻ヘルパーT細胞《ティーさいぼう》、❼キラーT細胞《ティーさいぼう》、❽制御性T細胞《せいぎょせいティーさいぼう》など、さまざまな種類《しゅるい》があるゾ。これらはすべて、赤血球《せっけっきゅう》や血小板《けっしょうばん》と同《おな》じように、骨髄《こつずい》にある造血幹細胞《ぞうけつかんさいぼう》がもとになっているのじゃ（→28ページ）。

免疫《めんえき》システムにかかわる主《おも》な器官《きかん》

扁桃腺《へんとうせん》

のどちんこの左右《さゆう》にある。リンパ節《せつ》が集《あつ》まり、口《くち》から入《はい》ろうとする病原《びょうげん》体《たい》のしんにゅうなどをふせぐ。

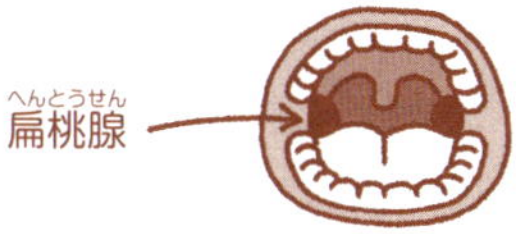

胸腺《きょうせん》

みじゅくな❻～❽が、十分《じゅうぶん》に成長《せいちょう》するところ。

肝臓《かんぞう》

胎児《たいじ》のころに造血幹細胞《ぞうけつかんさいぼう》がある。

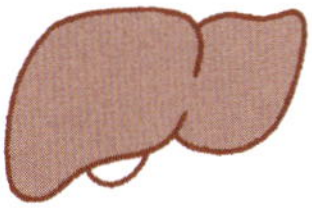

腸《ちょう》

体内《たいない》の免疫《めんえき》細胞《さいぼう》の約《やく》70%《パーセント》が集《あつ》まっている。

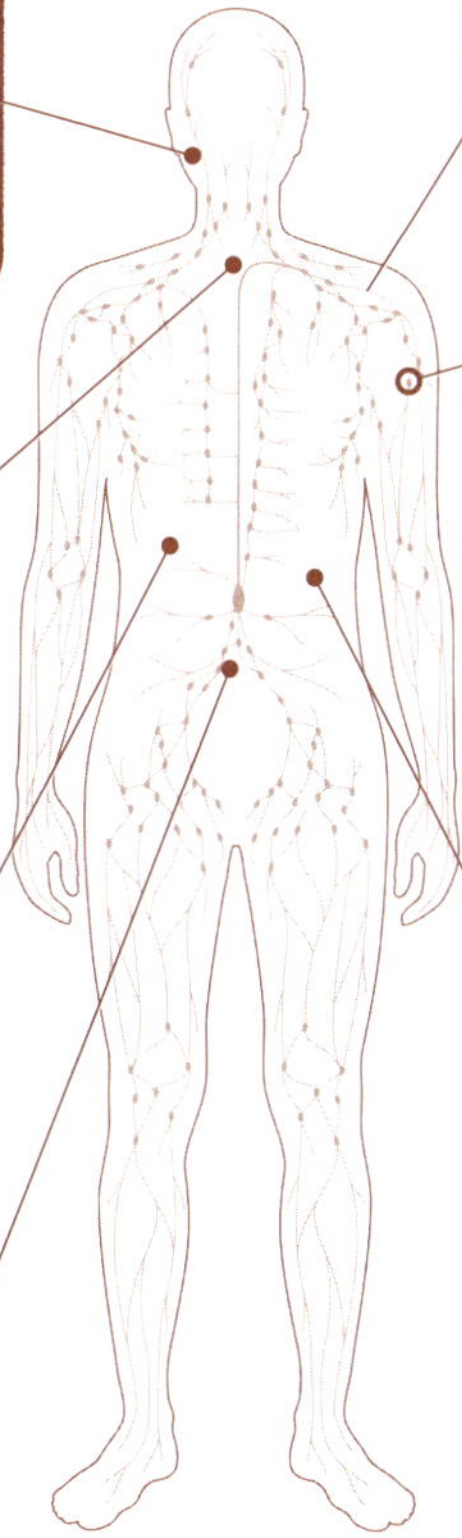

リンパ管《かん》

血液《けつえき》と似《に》た成分《せいぶん》の「リンパ液《えき》」が流《なが》れている。リンパ液《えき》には、細胞《さいぼう》のゴミ（老廃物《ろうはいぶつ》）や病原体《びょうげんたい》などがまじっている。

リンパ節《せつ》

リンパ管《かん》の途中《とちゅう》にあり、リンパ液《えき》にふくまれるゴミや病原体《びょうげんたい》をこし取《と》るはたらきをしている。

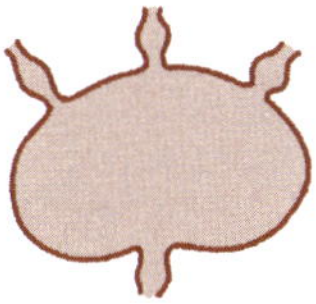

脾臓《ひぞう》

免疫細胞《めんえきさいぼう》が多《おお》く存在《そんざい》する。

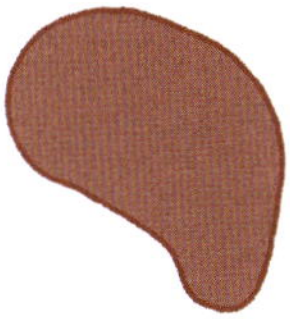

骨髄《こつずい》

造血幹細胞《ぞうけつかんさいぼう》がある。

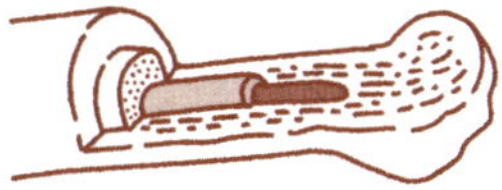

なるほど理系脳《りけいのう》クイズ！

NK《エヌケー》細胞《さいぼう》のNK《エヌケー》とは、どんな意味《いみ》？　①生《う》まれながらの殺《ころ》し屋《や》　②のどと首《くび》を守《まも》る者《もの》

2

カゼをひくと、なぜ…
ふだんとはちがう鼻水《はなみず》が出《で》る？

私《わたし》たちの体内《たいない》に病原体《びょうげんたい》などがしんにゅうすると、〝くいしんぼう〟の❶マクロファージと、❷好中球《こうちゅうきゅう》がやってきて、しんにゅう者《しゃ》を食《た》べて分解《ぶんかい》します。このしくみを「自然免疫《しぜんめんえき》」といいます。

自然免疫《しぜんめんえき》をすりぬけて、体《からだ》のおくへとしんにゅう者《しゃ》が進《すす》むと、❶や❷と一緒《いっしょ》にしんにゅう者《しゃ》を食《た》べた❸樹状細胞《じゅじょうさいぼう》が、リンパ節《せつ》に移動《いどう》して、❺ヘルパーT細胞《ティーさいぼう》に、しんにゅう者《しゃ》の情報《じょうほう》を伝《つた》えます※。

すると、❺ヘルパーT細胞《ティーさいぼう》は、❻B細胞《ビーさいぼう》、❼キラーT細胞《ティーさいぼう》にこうげきの指令《しれい》を出《だ》します。これによりしんにゅう者《しゃ》は、やがて排除《はいじょ》されます。このしくみを「獲得免疫《かくとくめんえき》」といいます。

私《わたし》たちはカゼをひくと、ふだんとはちがう〝黄色《きいろ》い鼻水《はなみず》〟が出《で》ることがありますが、これは病原体《びょうげんたい》と戦《たたか》って死《し》んだ免疫細胞《めんえきさいぼう》たちが、鼻水《はなみず》にまじっているためです。

※マクロファージも、ヘルパーT細胞《ティーさいぼう》にしんにゅう者《しゃ》の情報《じょうほう》を伝《つた》える。

ハカセMEMO《メモ》！

2つのしくみからなる、免疫《めんえき》システム

自然免疫《しぜんめんえき》……しんにゅう者《しゃ》をいち早《はや》く発見《はっけん》し、排除《はいじょ》する。

獲得免疫《かくとくめんえき》……自然免疫《しぜんめんえき》で得《え》られたしんにゅうしゃの情報《じょうほう》をもとに、より強力《きょうりょく》なこうげきを行《おこな》う。また、しんにゅう者《しゃ》をきおくし、二度目《にどめ》のしんにゅう時《じ》には、すばやく対応《たいおう》する。

クイズの答《こた》え：P133➡①

免疫《めんえき》システムのしくみ

★自然免疫《しぜんめんえき》
❶マクロファージ
❷好中球《こうちゅうきゅう》
❸樹状細胞《じゅじょうさいぼう》
★獲得免疫《かくとくめんえき》
❺ヘルパーT細胞《ティーさいぼう》
しんにゅう者《しゃ》の情報《じょうほう》を、
ヘルパーT細胞《ティーさいぼう》に伝《つた》える。
❹NK細胞《エヌケーさいぼう》
単独《たんどく》で血液中《けつえきちゅう》をパトロールし、ウイルスに感染《かんせん》した細胞《さいぼう》などをはかいする。
※一度感染《いちどかんせん》すると、メモリーB細胞《ビーさいぼう》やメモリーT細胞《ティーさいぼう》によって、しんにゅう者《しゃ》の特徴《とくちょう》がきおくされる。
❽制御性T細胞《せいぎょせいティーさいぼう》
免疫細胞《めんえきさいぼう》のこうげきをコントロールする。
❼キラーT細胞《ティーさいぼう》
抗体《こうたい》
❻B細胞《ビーさいぼう》
「抗体《こうたい》」という武器《ぶき》をつくり、
しんにゅう者《じゃ》をこうげきする。
情報《じょうほう》をもとに、
こうげきの指令《しれい》を出《だ》す。

なるほど理系脳《りけいのう》クイズ！

次《つぎ》のうち、鼻水《はなみず》の役割《やくわり》のひとつは？　①免疫細胞《めんえきさいぼう》をつくる　②しんにゅう者《しゃ》を体外《たいがい》に出《だ》す

3

似《に》ているようでちがう… 細《さい》菌《きん》とウイルス

病原体《びょうげんたい》のひとつである細菌《さいきん》とウイルスは、どちらも“似《に》たもの”というイメージをもつ人《ひと》も多《おお》いと思《おも》います。しかし、実《じつ》はまったくちがいます。

「細菌《さいきん》」は、1～数《すう》マイクロメートルほどの大《おお》きさの微生物《びせいぶつ》で、みずからふえることができます。細《さい》菌《きん》が人間《にんげん》の体内《たいない》にしんにゅうすることでおこる病気《びょうき》（感染症《かんせんしょう》）には、結核《けっかく》やコレラ、腸管出血性大腸菌《ちょうかんしゅっけつせいだいちょうきん》感染症《かんせんしょう》などがあります。

これに対《たい》し、「ウイルス」の大《おお》きさは、0.02～0.3マイクロメートルほどです。自力《じりき》でふえることができず、人間《にんげん》（宿主《しゅくしゅ》）の細胞《さいぼう》に入《はい》りこんで数《かず》をふやします。ウイルスによる病気《びょうき》には、カゼやインフルエンザ、食中毒《しょくちゅうどく》などがあります※。

ちなみに、カゼの原因《げんいん》となるウイルスは、200種類以上《しゅるいいじょう》もあります。

※カゼや食中毒《しょくちゅうどく》は、ウイルス以外《いがい》のもの（細菌《さいきん》など）が原因《げんいん》となる場合《ばあい》もある。

ハカセMEMO《メモ》!

マイクロメートル

1マイクロメートルは、1000分《ぶん》の1ミリメートルじゃ。たとえば、髪《かみ》の毛《け》の太《ふと》さは70～80マイクロメートル（0.07～0.08ミリメートル）、スギ花粉《かふん》の大《おお》きさは30マイクロメートル（0.03ミリメートル）とあらわせるゾ。

細《さい》菌《きん》とウイルスのちがい

細菌《さいきん》の数百分《すうひゃくぶん》の1～
10分《ぶん》の1ほど！

★細菌《さいきん》

大《おお》きさ：約《やく》1～数《すう》マイクロメートル

- 原核生物《げんかくせいぶつ》に分類《ぶんるい》され、細胞《さいぼう》としての構造《こうぞう》をもつ。
- 細胞《さいぼう》ぶんれつでふえる。
- 病気《びょうき》を引《ひ》きおこすものもあれば、
人体《じんたい》によいえいきょうをあたえるものもある。

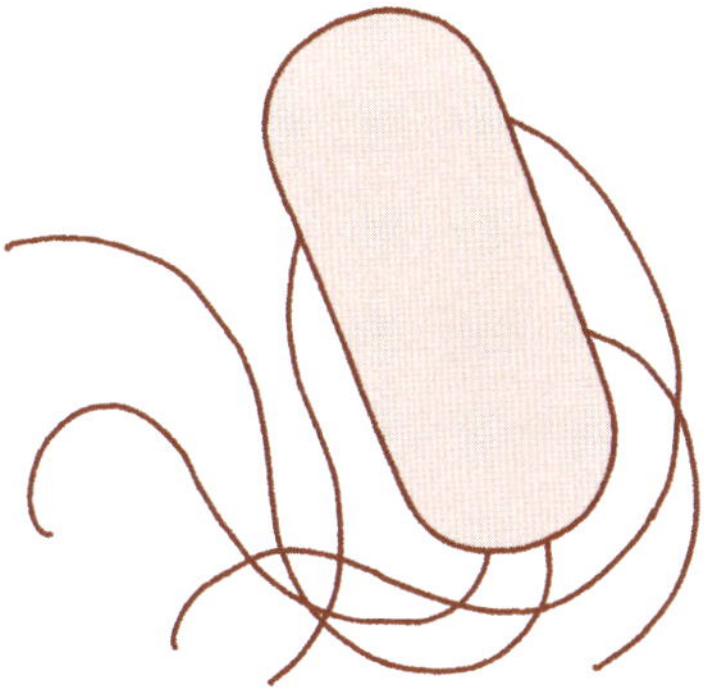

例《れい》

- 大腸菌《だいちょうきん》（O157《オーいちごーなな》など）
- 結核菌《けっかくきん》
- コレラ菌《きん》
- 乳酸菌《にゅうさんきん》
- 納豆菌《なっとうきん》　など

★ウイルス

大《おお》きさ：約《やく》0.02～0.3マイクロメートル

- 生物《せいぶつ》と非生物《ひせいぶつ》の中間《ちゅうかん》の存在《そんざい》で、
細胞《さいぼう》としての構造《こうぞう》をもたない。
- 宿主《しゅくしゅ》の細胞《さいぼう》に入《い》りこんでふえる。
(自分《じぶん》の力《ちから》でふえることができない)

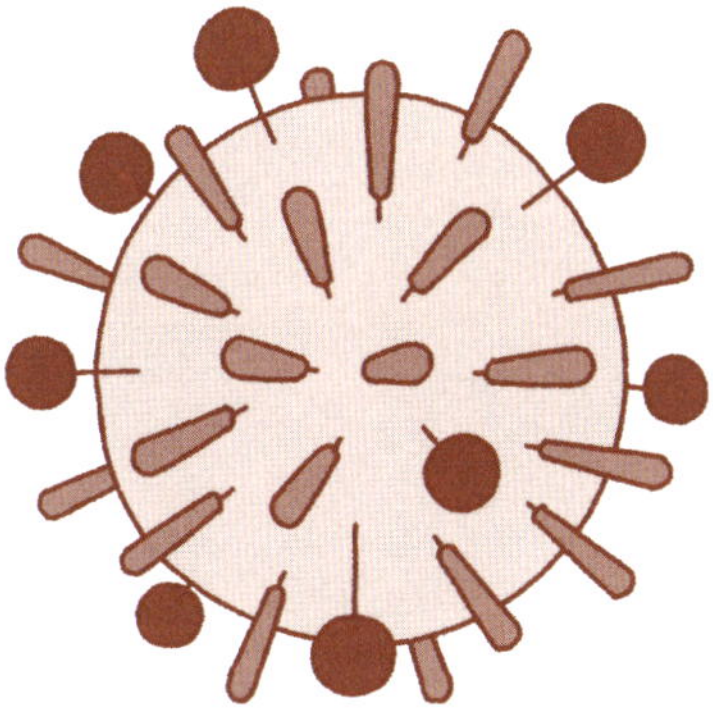

例《れい》

- アデノウイルス
- インフルエンザウイルス
- ノロウイルス
- HIV《エイチアイブイ》(ヒト免疫不全《めんえきふぜん》ウイルス)

など

細菌《さいきん》などの原核生物《げんかくせいぶつ》は、細胞《さいぼう》に「核《かく》」をもたない！
(＝生命《せいめい》の設計図《せっけいず》にあたるDNA《ディーエヌエー》が、むきだしで入《はい》っている)
人間《にんげん》や植物《しょくぶつ》などの真核生物《しんかくせいぶつ》は、細胞《さいぼう》に「核《かく》」をもつ！
(＝核《かく》の中《なか》に、DNA《ディーエヌエー》が収《おさ》められている)

なるほど理系脳《りけいのう》クイズ！

次《つぎ》のうち、ヨーグルトの製造《せいぞう》に使《つか》われる細菌《さいきん》は？　①サルモネラ菌《きん》　②善玉菌《ぜんだまきん》　③乳酸菌《にゅうさんきん》

4

インフルエンザにかかったとき…

体内《たいない》で何《なに》がおきている？

❸細胞《さいぼう》が死《し》に、痛《いた》みを感《かん》じたり、せきやたんが出《で》たりするようになる。（↓）

合成《ごうせい》されたウイルスの素《そ》材《ざい》をもとに、新《あたら》しいウイルスが組《く》み立《た》てられる。

❹死《し》んだ細胞《さいぼう》は、樹状細胞《じゅじょうさいぼう》やマクロファージによって食《た》べられる。このときに得《え》たウイルスの情報《じょうほう》は、ヘルパーT細胞《ティーさいぼう》に伝《つた》えられる。

ウイルスが原因《げんいん》でおこる病気《びょうき》（感染症《かんせんしょう》）のひとつに、インフルエンザがあります。

空気中《くうきちゅう》をただよう「インフルエンザウイルス」は、口《くち》や鼻《はな》から体《たい》内《ない》にしんにゅうします。

鼻《はな》やのどの細胞《さいぼう》に感染《かんせん》したインフルエンザウイルスは、〝細胞《さいぼう》がぞうしょくするシステム〟を利用《りよう》して、爆発的《ばくはつてき》にふえていきます。

そのスピードは、1個《こ》のインフルエンザウイルスが、24時間後《じかんご》に100万個《まんこ》になるほど（！）だといいます。

一方《いっぽう》で、ウイルスに利用《りよう》された細胞《さいぼう》は、ぼろぼろにこわれて死《し》ん

24時間《じかん》で100万倍《まんばい》にふえる！

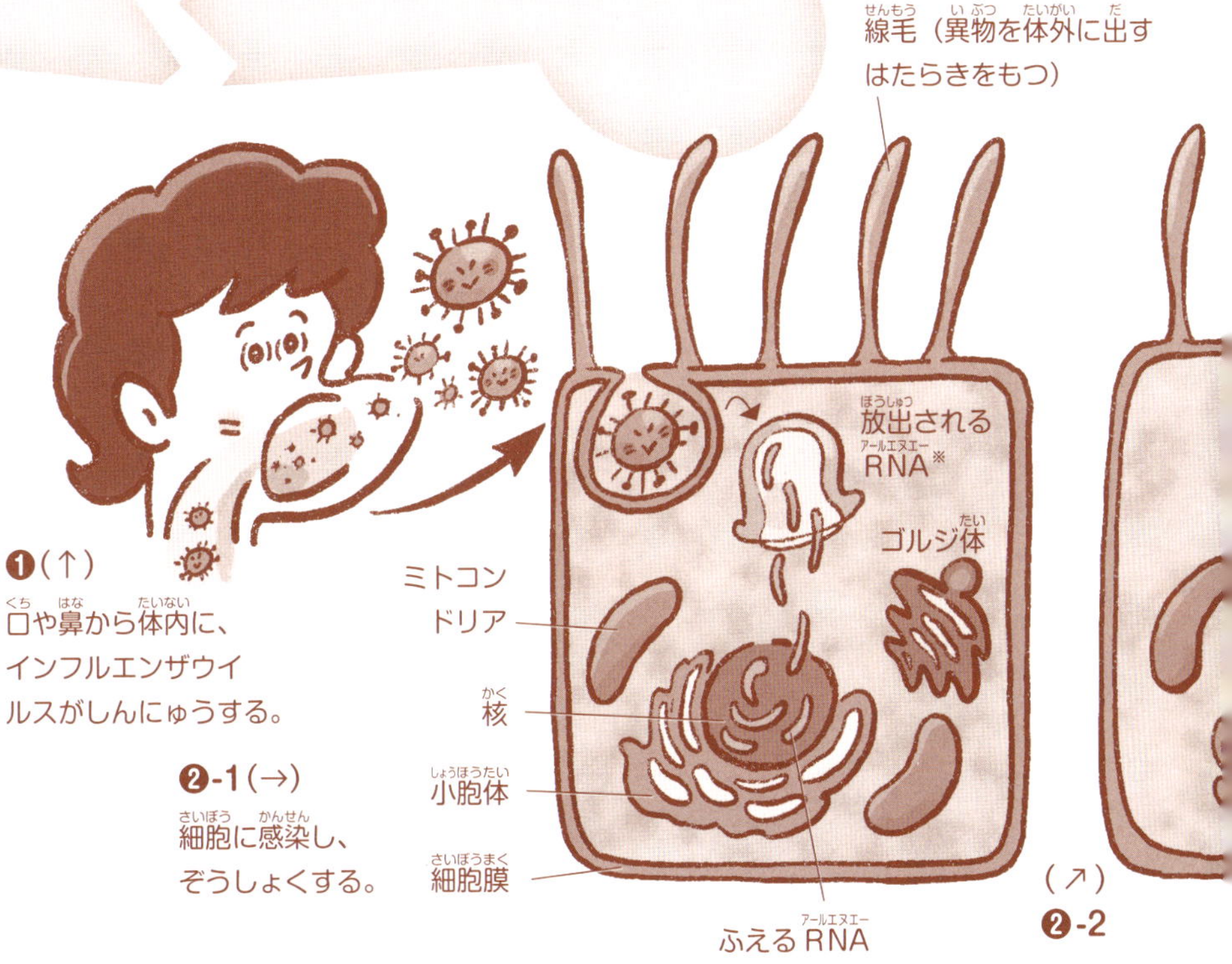

線毛《せんもう》（異物《いぶつ》を体外《たいがい》に出《だ》すはたらきをもつ）
放出《ほうしゅつ》されるRNA《アールエヌエー》※
ゴルジ体《たい》
ミトコンドリア
核《かく》
小胞体《しょうほうたい》
細胞膜《さいぼうまく》
ふえるRNA《アールエヌエー》
❶（↑）
口《くち》や鼻《はな》から体内《たいない》に、インフルエンザウイルスがしんにゅうする。
❷-1（→）
細胞《さいぼう》に感染《かんせん》し、ぞうしょくする。
（↗）
❷-2

例《れい》：のどの細胞《さいぼう》（上皮細胞《じょうひさいぼう》）

でしまいます。たとえば、のどの細胞《さいぼう》がこわされると、私《わたし》たちはのどに痛《いた》みを感《かん》じるようになります。また、気管《きかん》や気管支《きかんし》の細胞《さいぼう》がこわされはじめると、せきやたんが出《で》るようになります。

（↑）※RNA《アールエヌエー》とは、DNA《ディーエヌエー》のコピーのこと。

ハカセMEMO《メモ》！

ノロウイルス

「ノロウイルス」がワシらの体内《たいない》にしんにゅうすると、小腸《しょうちょう》の細胞《さいぼう》に感染《かんせん》して爆発的《ばくはつてき》にふえ、食中毒《しょくちゅうどく》を引《ひ》きおこすゾ。カキなどの二枚貝《にまいがい》は、海水《かいすい》にふくまれるノロウイルスを自分《じぶん》の体内《たいない》にたくわえることがあるので、これらを食《た》べるときはよく加熱《かねつ》して、ノロウイルスを死滅《しめつ》させるのじゃ。

なるほど理系脳《りけいのう》クイズ！

ノロウイルスは、何℃《なんど》で90秒間《びょうかん》以上《いじょう》加熱《かねつ》すると死滅《しめつ》する？　①20℃《ど》　②85～90℃《ど》

教《おし》えてハカセ！

5 予防接種《よぼうせっしゅ》は何《なん》のため？

獲得免疫《かくとくめんえき》では、しんにゅう者《しゃ》の情報《じょうほう》がきおくされます（↓135ページ）。これにより、同《おな》じしんにゅう者《しゃ》がふたたびやってきたとき、免疫細胞《めんえきさいぼう》はすぐに反応《はんのう》することができます。すなわち、私《わたし》たちは一度《いちど》かかった病気《びょうき》（感染症《かんせんしょう》）には、二度《にど》かかりにくくなるのです。このような現象《げんしょう》を「二度《にど》なし現象《げんしょう》」といいます。

　二度《にど》なし現象《げんしょう》を利用《りよう》したのが、「ワクチン接種《せっしゅ》」（予防接種《よぼうせっしゅ》）です。

「ワクチン」とは、毒性《どくせい》を弱《よわ》めた病《びょう》原体《げんたい》や、病原体《びょうげんたい》の成分《せいぶん》などのことです。ワクチンを体内《たいない》に入《い》れることで免疫細胞《めんえきさいぼう》の準備《じゅんび》がととのえられる（〝本物《ほんもの》の病原体《びょうげんたい》〟が体内《たいない》にしんにゅうしてきたときに、すばやく反応《はんのう》できる）というわけです。

　なお、ワクチン接種《せっしゅ》では、発熱《はつねつ》したり、腕《うで》がはれたりするなどといった「副反応《ふくはんのう》」がおきることもあります。

ハカセMEMO《メモ》！

副反応《ふくはんのう》と主反応《しゅはんのう》

ワクチン接種《せっしゅ》をしたときに生《しょう》じる、望《のぞ》まないはたらき（例《れい》：発熱《はつねつ》する、腕《うで》がはれる）を「副反応《ふくはんのう》」というのじゃ。これに対《たい》し、期待《きたい》されるはたらき（例《れい》：インフルエンザにていこうする、免疫細胞《めんえきさいぼう》の準備《じゅんび》がととのう）を「主反応《しゅはんのう》」というゾ。

クイズの答《こた》え：P139➡②

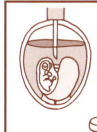

ワクチン接種《せっしゅ》のしくみ

ワクチン接種《せっしゅ》は「二度《にど》なし現象《げんしょう》」を利用《りよう》したものなので、それぞれの病原《びょうげん》体《たい》に対応《たいおう》したワクチンを接種《せっしゅ》する必要《ひつよう》がある。

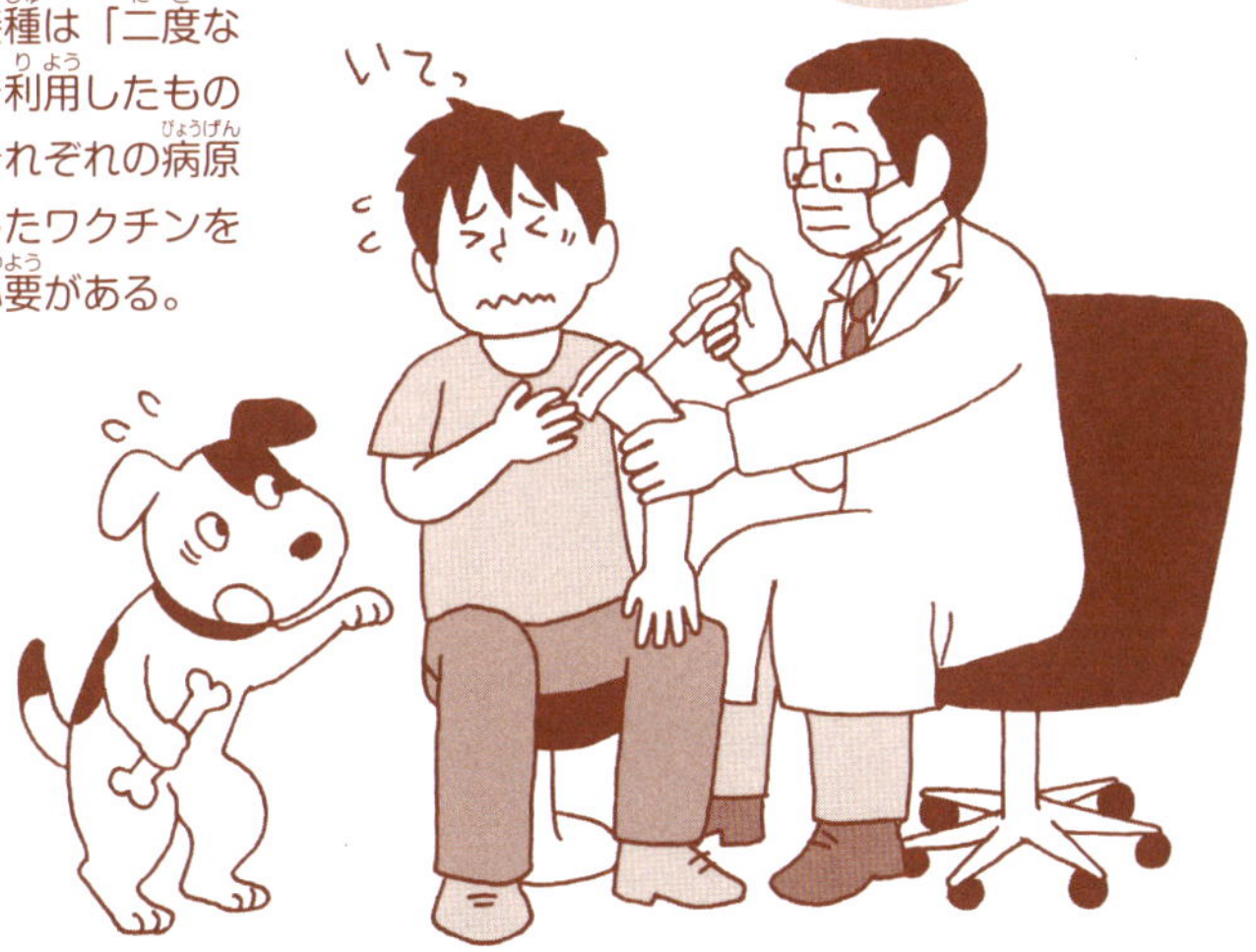

例《れい》 感染症名《かんせんしょうめい》		ワクチン名《めい》
・ポリオ	……………………	ポリオワクチン
・インフルエンザ	……	インフルエンザワクチン
・はしか、風《ふう》しん	……	麻《ま》しん風《ふう》しん混合《こんごう》ワクチン（MR《エムアール》ワクチン）

**★インフルエンザワクチンは
ニワトリの卵《たまご》（有精卵《ゆうせいらん》）を利用《りよう》してつくられる！**

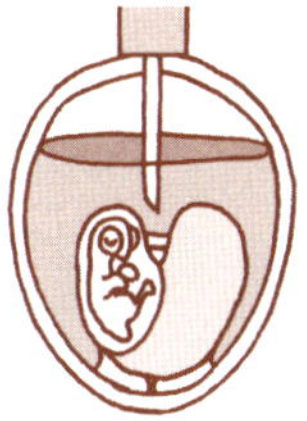

❶卵《たまご》の中《なか》にウイルスを入《い》れる。 → ❷温度《おんど》や湿度《しつど》が管理《かんり》された部屋《へや》で、ウイルスをふやす。 → ❸ウイルスが入《はい》った液《えき》を、卵《たまご》から取《と》りだす。

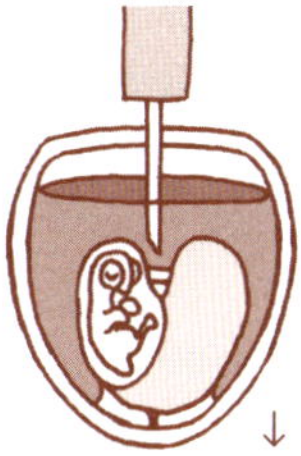

↓

❹不純物《ふじゅんぶつ》を取《と》り除《のぞ》き、不《ふ》活化《かつか》する（ウイルスの感《かん》染《せん》する力《ちから》を失《うしな》わせる）。 ← ❺適切《てきせつ》な濃度《のうど》に調整《ちょうせい》し、「バイアル」とよばれるビンにつめる。

なるほど理系脳《りけいのう》クイズ！

次《つぎ》のうち、ウイルスによっておこる病気《びょうき》（感染症《かんせんしょう》）は？ ①むし歯《ば》 ②貧血《ひんけつ》 ③水《みず》ぼうそう

6

ビックリ…カビから薬《くすり》が生《う》まれた！

イギリスの微生物学者《びせいぶつがくしゃ》であるアレクサンダー・フレミングは、シャーレという器具《きぐ》で「黄色《おうしょく》ブドウ球菌《きゅうきん》」を培養《ばいよう》していました。黄色《おうしょく》ブドウ球菌《きゅうきん》とは、食中毒《しょくちゅうどく》の原因《げんいん》となる細菌《さいきん》のひとつで、培養《ばいよう》とは、育《そだ》ててふやすことです。

ある日《ひ》、フレミングは不注意《ふちゅうい》により、一部《いちぶ》のシャーレに「アオカビ」を生《は》やしてしまいました。しかし、アオカビのまわりだけ、なぜか黄色《おうしょく》ブドウ球菌《きゅうきん》が生《は》えていません。このことから、フレミングは「アオカビが、黄色《おうしょく》ブドウ球菌《きゅうきん》のぞうしょく（ふえること）をおさえる物質《ぶっしつ》をつくっているにちがいない」と考《かんが》えました※。フレミングはこの物質《ぶっしつ》に「ペニシリン」という名前《なまえ》をつけて、１９２９年《ねん》に発表《はっぴょう》しました。

その後《ご》ペニシリンは、手《て》のほどこしようがなかった細菌感染症《さいきんかんせんしょう》をちりょうできる〝きせきの薬《くすり》〟として、多《おお》くの命《いのち》を救《すく》いました。

※のちに、ほかの細菌《さいきん》（ジフテリア菌《きん》など）のぞうしょくをおさえることも発見《はっけん》した。

ハカセMEMO《メモ》！

ノーベル賞《しょう》を受賞《じゅしょう》したフレミング

ペニシリンを発見《はっけん》したフレミングは、イギリスのハワード・フローリー、エルンスト・チェーンという学者《がくしゃ》らとともに※、1945年《ねん》にノーベル生理学《せいりがく》・医《い》学賞《がくしょう》を受賞《じゅしょう》しているゾ。なお、ペニシリンは、20世紀《せいき》で最《もっと》もいだいな発見《はっけん》のひとつとされているのじゃ。

※ふたりは、ペニシリンを薬《くすり》にし、それを大量生産《たいりょうせいさん》する方法《ほうほう》をつくりあげた。

研究《けんきゅう》を行《おこな》うフレミング

なるほど理系脳《りけいのう》クイズ！

 ペニシリンのように、細菌感染症《さいきんかんせんしょう》をちりょうする薬《くすり》を何《なん》という？　①抗菌薬《こうきんやく》　②ステロイド

7

なんだって!? がん細胞《さいぼう》は、だれにでもある

私《わたし》たちの体《からだ》は、約《やく》200種類《しゅるい》、60兆個《ちょうこ》ほどの細胞《さいぼう》からできています。これらの細胞《さいぼう》は、つねに、ぶんれつ・ぞうしょくをくりかえし(=新《あら》たな細胞《さいぼう》が生《う》まれ)、寿命《じゅみょう》がくると死《し》にます。

細胞《さいぼう》の「核《かく》」の中《なか》には、私《わたし》たち(生命《せいめい》)の設計図《せっけいず》にあたる「DN《ディーエヌ》A《エー》」が入《はい》っています。このDNA《ディーエヌエー》が何《なん》らかの原因《げんいん》で傷《きず》つき、ぶんれつ・ぞうしょくが止《と》まらなくなってしまった細胞《さいぼう》、つまり無限《むげん》にふえつづける無敵《むてき》の細胞《さいぼう》が「がん細《さい》胞《ぼう》」です。

がん細胞《さいぼう》は、健康《けんこう》な人《ひと》の体内《たいない》でもつねに生《う》まれています。これらは、ふだんは免疫細胞《めんえきさいぼう》のはたらきなどにより排除《はいじょ》されていますが、排除《はいじょ》しきれなくなると、私《わたし》たちは「がん」になります。

がんになると、正常《せいじょう》にはたらく体内《たいない》のさまざまな組織《そしき》がしだいにこわされ、健康《けんこう》がそこなわれます。

ハカセMEMO《メモ》!

「あか」の正体《しょうたい》

ワシらはおふろに入《はい》ったとき、体《からだ》を洗《あら》って「あか」を落《お》とすのォ。実《じつ》は、あかの正体《しょうたい》は、死《し》んだ皮膚《ひふ》の細《さい》胞《ぼう》なのじゃ。皮膚《ひふ》の細胞《さいぼう》は、通常《つうじょう》28日《にち》ほどで入《い》れかわるゾ(歳《とし》を重《かさ》ねると、この期間《きかん》が長《なが》くなる)。

「がん」ってどんな病《びょう》気《き》？

★がんのきっかけとなるもの（例《れい》）

タバコ

お酒《さけ》（大量《たいりょう》の飲酒《いんしゅ》）

細菌《さいきん》やウイルス

放射線《ほうしゃせん》　など

さまざまな「がん」

脳《のう》しゅよう
甲状腺《こうじょうせん》がん
乳《にゅう》がん
肝臓《かんぞう》がん
胆《たん》のうがん
腎臓《じんぞう》がん
ぼうこうがん
子宮頸《しきゅうけい》がん（女性《じょせい》がなる）
子宮体《しきゅうたい》がん（女性《じょせい》がなる）
肺《はい》がん
白血病《はっけつびょう》（血液《けつえき》のがん）
胃《い》がん
膵臓《すいぞう》がん
大腸《だいちょう》がん
卵巣《らんそう》がん（女性《じょせい》がなる）
前立腺《ぜんりつせん》がん（男性《だんせい》がなる）

※参考《さんこう》：文部科学省《もんぶかがくしょう》ウェブサイト「『がん』ってどんな病気《びょうき》？」（https://www.mext.go.jp）

ハダカデバネズミ

ふつうのネズミの
10倍《ばい》も長《なが》く（30年《ねん》ほど）
生《い》きるんだって！

「ハダカデバネズミ」は、がんになりにくい動物《どうぶつ》として知《し》られているよ。現在《げんざい》、そのしくみを解明《かいめい》するために、研究《けんきゅう》が進《すす》められているんだ（人間《にんげん》のいりょうへの応用《おうよう》も、期待《きたい》されている）。

なるほど理系脳《りけいのう》クイズ！

がんは西暦何年《せいれきなんねん》から、日本人《にほんじん》の死因《しいん》のトップとなっている？　①1981年《ねん》　②2001年《ねん》　③2020年《ねん》

8

困《こま》った！ 暴走《ぼうそう》する免疫《めんえき》システム

これまで見《み》てきたように、免疫《めんえき》細胞《さいぼう》は体《からだ》の外《そと》にいる病原体《びょうげんたい》などから、私《わたし》たちを守《まも》ってくれる存在《そんざい》です。しかし、何《なん》らかの原因《げんいん》で免疫《めんえき》細胞《さいぼう》が暴走《ぼうそう》し※、体《からだ》の中《なか》に元々《もともと》あるもの（私《わたし》たち自身《じしん》）をこうげきしてしまうことがあります。

このようなことが原因《げんいん》でおこる病気《びょうき》を「自己免疫疾患《じこめんえきしっかん》」といいます。自己免疫疾患《じこめんえきしっかん》には「バセドウ病《びょう》」や「橋本病《はしもとびょう》」などがあります。

バセドウ病《びょう》は、免疫細胞《めんえきさいぼう》が、のどぼとけの下《した》にある「甲状腺《こうじょうせん》」をこうげき（しげき）することでおこります。甲状腺《こうじょうせん》から「甲状腺《こうじょうせん》ホルモン」が多《おお》く分泌《ぶんぴつ》され、脈《みゃく》が速《はや》くなる、体重《たいじゅう》が減《へ》るなどのしょうじょうがあらわれます。

これに対《たい》し、甲状腺《こうじょうせん》へのこうげきにより、甲状腺《こうじょうせん》ホルモンの分泌《ぶんぴつ》が減《へ》るのが橋本病《はしもとびょう》です。体《からだ》がむくむ、つかれやすくなるなどのしょうじょうがあらわれます。

※免疫細胞《めんえきさいぼう》が誤《あやま》って、体《からだ》の一部《いちぶ》を“排除《はいじょ》すべきもの”と認識《にんしき》してしまう。

ハカセMEMO《メモ》！

2つの「のどぼとけ」

のどぼとけとは、のどにあるやわらかい骨《ほね》で、正式《せいしき》には「甲状軟骨《こうじょうなんこつ》」とよばれるゾ。一方《いっぽう》で、亡《な》くなった人《ひと》を火葬《かそう》したときに「のどぼとけ」を拾《ひろ》うが、これは「第《だい》２頸椎《けいつい》」という首《くび》の骨《ほね》の一部《いちぶ》じゃ。

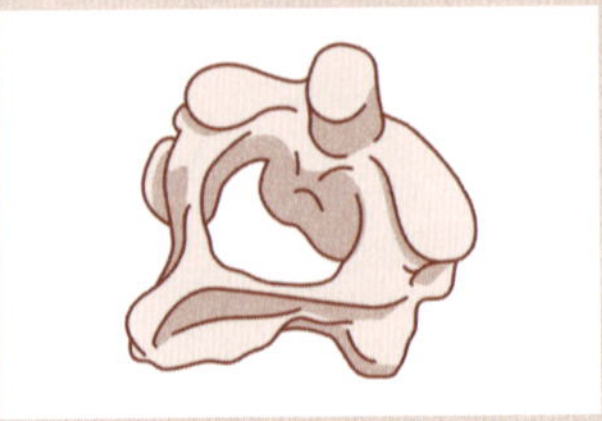

座《すわ》った仏様《ほとけさま》のような形《かたち》をしている第《だい》２頸椎《けいつい》（↑）

クイズの答《こた》え：P145➡①（40年以上前《ねんいじょうまえ》から）

甲状腺《こうじょうせん》はどこにある？

自己免疫疾患《じこめんえきしっかん》の例《れい》

- バセドウ病《びょう》…………甲状腺《こうじょうせん》ホルモンの分泌《ぶんぴつ》がふえる病気《びょうき》。
- 橋本病《はしもとびょう》………………甲状腺《こうじょうせん》ホルモンの分泌《ぶんぴつ》が減《へ》る病気《びょうき》。
- 関節《かんせつ》リウマチ………滑膜《かつまく》（→19ページ）がこうげきされることで、関節《かんせつ》に痛《いた》みが生《しょう》じる。
- ネフローゼ症候群《しょうこうぐん》…おしっこの中《なか》にタンパク質《しつ》が出《で》て、腎臓《じんぞう》がしだいにこわれる。

など

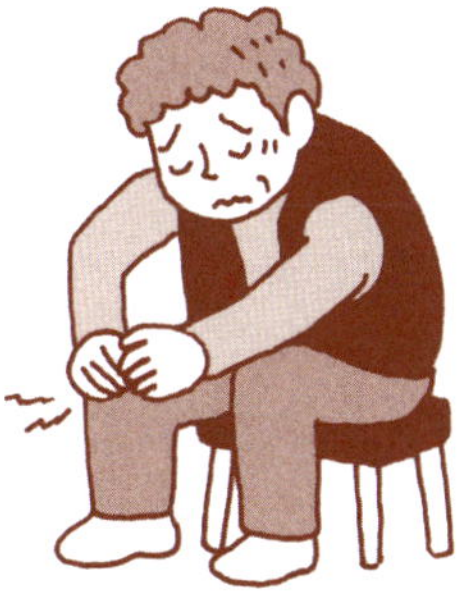

なるほど理系脳《りけいのう》クイズ！

甲状腺《こうじょうせん》ホルモンの主《おも》な材料《ざいりょう》となる栄養素《えいようそ》は？　①カルシウム　②ビタミン　③ヨウ素《そ》

9 何《なに》が原因《げんいん》なの？
やっかいな「アレルギー」

春《はる》が近《ちか》づくと、私《わたし》たちは「花粉症《かふんしょう》」の人《ひと》たちを多《おお》く見《み》かけます。実《じつ》は、花粉症《かふんしょう》には免疫細胞《めんえきさいぼう》が深《ふか》くかかわっています。

免疫細胞《めんえきさいぼう》がこうげきするのは、体《からだ》に害《がい》のある病原体《びょうげんたい》などです。しかし、免疫細胞《めんえきさいぼう》は体《からだ》に直接害《ちょくせつがい》のないしんにゅう者《しゃ》に対《たい》しても、かじょうに反応《はんのう》する場合《ばあい》があります。

このような反応《はんのう》は「アレルギー反応《はんのう》」、アレルギー反応《はんのう》のためにおこる病気《びょうき》は「アレルギー疾患《しっかん》」とよばれます。アレルギーの原因《げんいん》となる物質《ぶっしつ》は、食品《しょくひん》、金属《きんぞく》、ハウスダスト（家《いえ》の中《なか》のちりやほこり）などさまざまで、花粉《かふん》もそのひとつです。

また、それまで何《なん》ともなかったのに、とつぜん花粉症《かふんしょう》になる人《ひと》もいます。これは、体内《たいない》で少《すこ》しずつ〝アレルギー反応《はんのう》を引《ひ》きおこす物質《ぶっしつ》〟がたまっていき、あるときに限界《げんかい》の量《りょう》をこえるためと考《かんが》えられています。

ハカセ MEMO《メモ》!

銀《ぎん》で金属《きんぞく》アレルギー？

お店《みせ》で売《う》られている銀製品《ぎんせいひん》は、「純銀《じゅんぎん》」ではなく、ニッケルやクロムなど、銀《ぎん》にほかの金属《きんぞく》をまぜた「銀合金《ぎんごうきん》」でつくられることが多《おお》いのじゃ。銀《ぎん》そのものはアレルギーをおこしにくいが、これらの金属《きんぞく》（ニッケルやクロムなど）がアレルギーの原因《げんいん》となることがあるので、注意《ちゅうい》が必要《ひつよう》じゃ。

クイズの答《こた》え：P147➡③

さまざまなアレルギー疾患《しっかん》

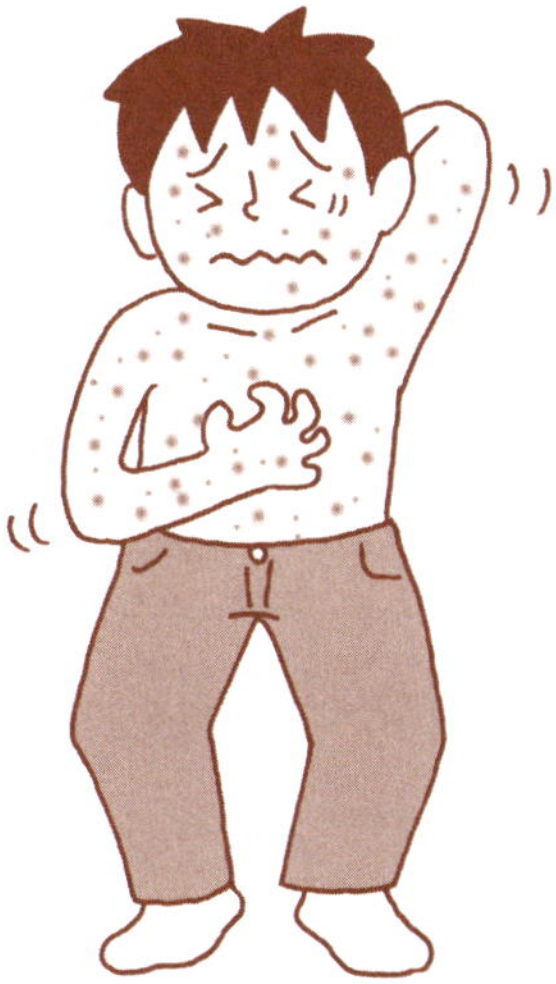

食物《しょくもつ》アレルギー

特定《とくてい》の食《た》べものを食《た》べると（卵《たまご》、小麦《こむぎ》、牛乳《ぎゅうにゅう》など人《ひと》によってことなる）、全身《ぜんしん》に「じんましん」が出《で》るなどする。しょうじょうが重《おも》くなると、死《し》に至《いた》ることもある。

花粉症《かふんしょう》

花粉《かふん》の成分《せいぶん》が目《め》や鼻《はな》、のどのねんまくから体内《たいない》に入《はい》ることで、目《め》のかゆみや鼻水《はなみず》が生《しょう》じる。

金属《きんぞく》アレルギー

金属《きんぞく》でできたアクセサリーを身《み》につけたときなどに、アレルギー反応《はんのう》がおきる。アレルギーをおこしやすい金属《きんぞく》として、ニッケル、クロム、コバルト、水銀《すいぎん》などがある。

なるほど理系脳《りけいのう》クイズ！

次《つぎ》のうち、アレルギー疾患《しっかん》は？　①水虫《みずむし》　②ぜん息《そく》（気管支《きかんし》ぜん息《そく》）　③高血圧《こうけつあつ》

10

どうして？ 薬《くすり》を飲《の》むと、ねむくなる理《り》由《ゆう》

花粉症《かふんしょう》の薬《くすり》には、〝ねむくなるもの〟と〝ねむくならないもの〟があります。これらは何《なに》がちがうのでしょうか。「抗《こう》ヒスタミン薬《やく》」というタイプを例《れい》に、そのしくみを見《み》てみましょう。

花粉症《かふんしょう》のときに鼻水《はなみず》が出《で》るのは、体内《たいない》で「ヒスタミン」という物質《ぶっしつ》が、ヒスタミンの受容体《じゅようたい》に結《むす》びつくためです。抗《こう》ヒスタミン薬《やく》は、これをじゃまずることで鼻水《はなみず》を止《と》めます…❶～❸。

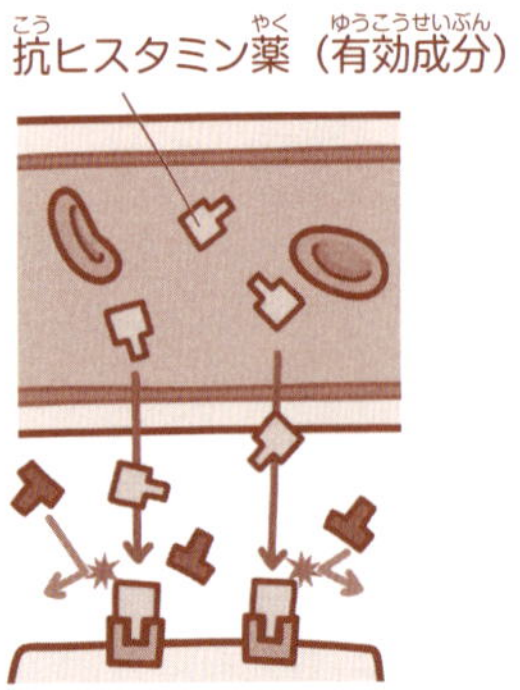

❸抗《こう》ヒスタミン薬《やく》がじゃまをすることで、鼻水《はなみず》が止《と》まる。

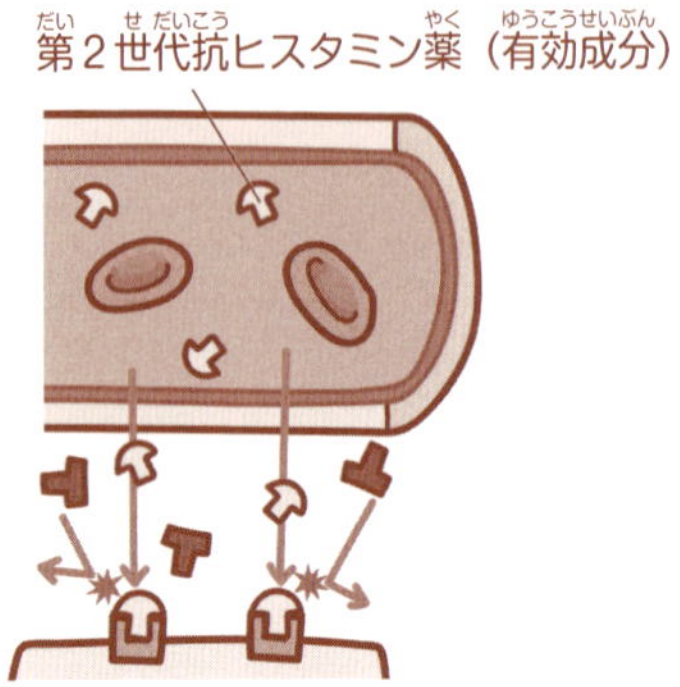

❹第《だい》2世《せ》代抗《だいこう》ヒスタミン薬《やく》がじゃまをすることで、鼻水《はなみず》が止《と》まる。

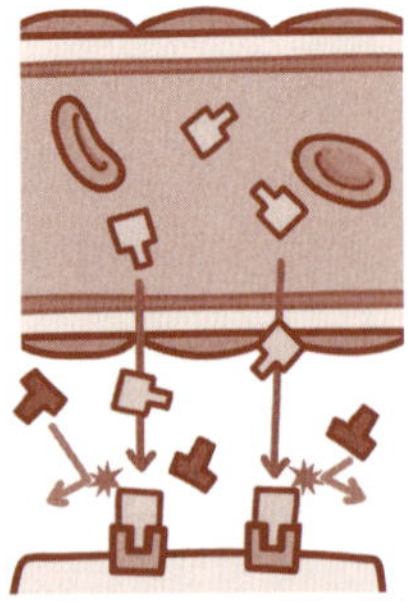

3 抗《こう》ヒスタミン薬《やく》が結《むす》びつくと、ねむけがあらわれる。

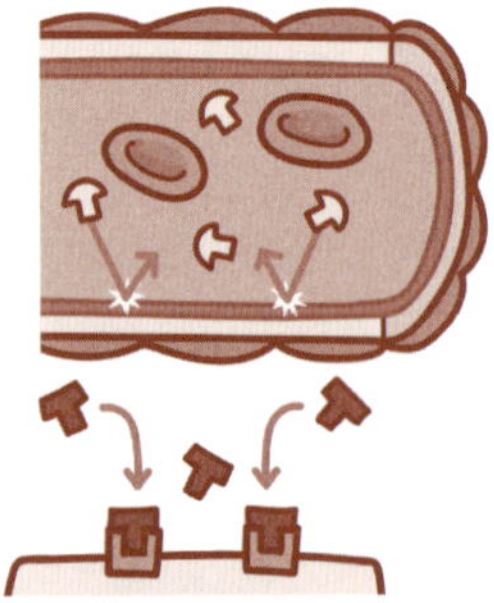

4 第《だい》2世《せ》代抗《だいこう》ヒスタミン薬《やく》は、脳内《のうない》でじゃまをしない（ねむけがあらわれない）。

クイズの答《こた》え：P149➡②

一方《いっぽう》で、ヒスタミンは覚醒《かくせい》（目《め》が覚《さ》めること）や、集中力《しゅうちゅうりょく》・判断《はんだん》力《りょく》にかかわる物質《ぶっしつ》でもあります。

そのため、脳《のう》にあるヒスタミンの受容体《じゅようたい》にじゃ・ま・が入《はい》ると、私《わたし》たちは、ねむくなったり、集中力《しゅうちゅうりょく》や判《はん》断力《だんりょく》が落《お》ちたりしてしまうのです……1～3。

そこで開発《かいはつ》されたのが「第《だい》2世《せ》代抗《だいこう》ヒスタミン薬《やく》」です。このタイプは、脳《のう》にあるヒスタミンの受《じゅ》容体《ようたい》でじゃ・ま・をしないため、ねむけが生《しょう》じたり、集中力《しゅうちゅうりょく》や判断力《はんだんりょく》が落《お》ちたりすることはありません……❹4。

★鼻《はな》のねんまくにある毛細血管《もうさいけっかん》

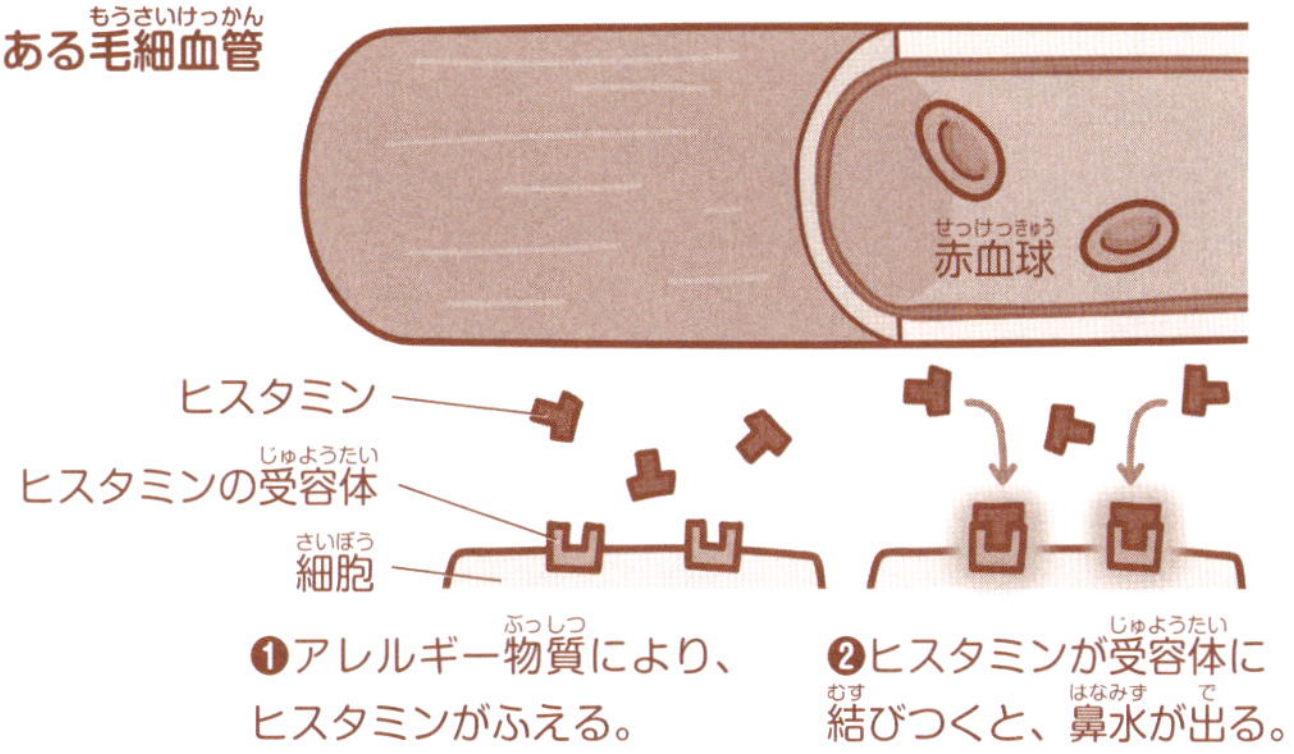

赤血球《せっけっきゅう》
ヒスタミン
ヒスタミンの受容体《じゅようたい》
細胞《さいぼう》
❶アレルギー物質《ぶっしつ》により、ヒスタミンがふえる。
❷ヒスタミンが受容体《じゅようたい》に結《むす》びつくと、鼻水《はなみず》が出《で》る。

★脳《のう》の毛細血管《もうさいけっかん》

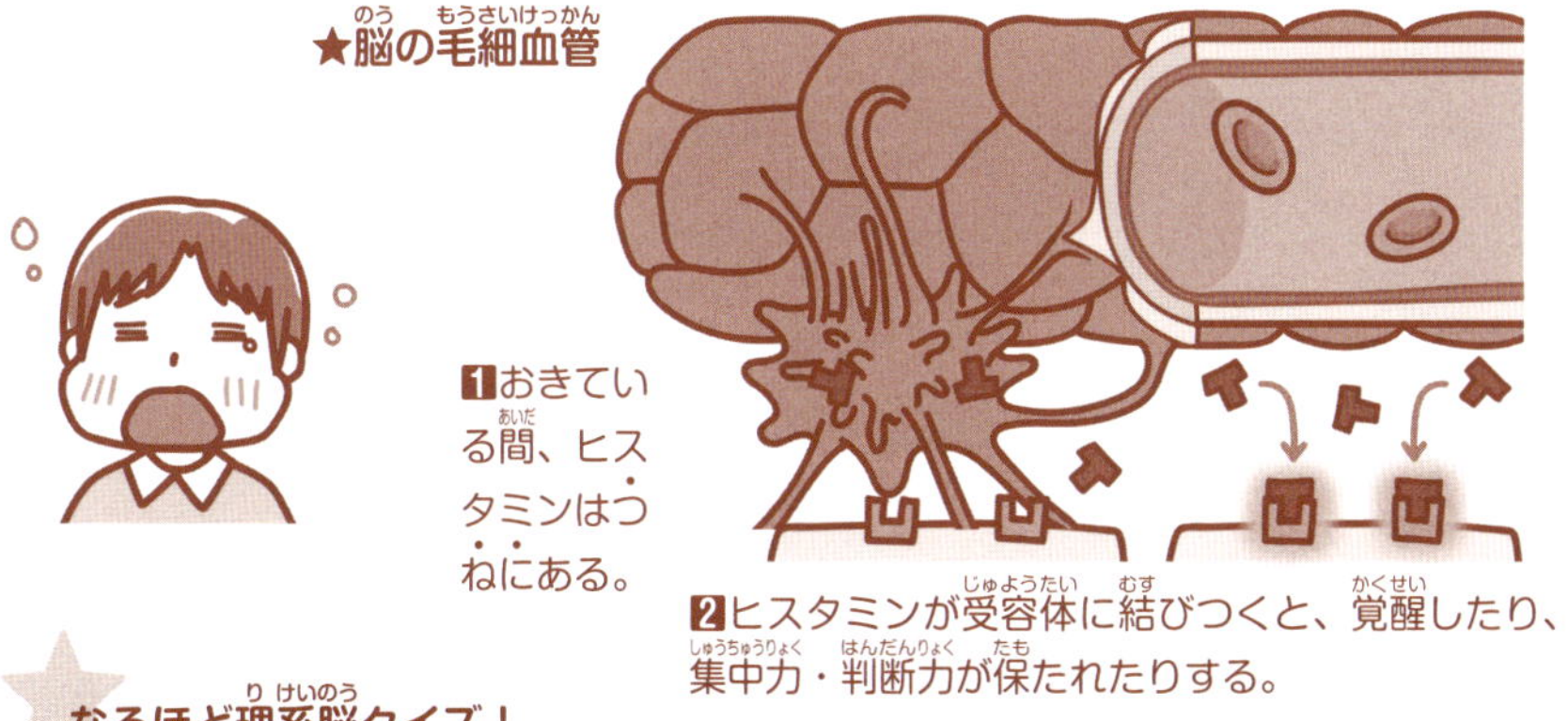

1おきている間《あいだ》、ヒスタミンはつねにある。
2ヒスタミンが受容体《じゅようたい》に結《むす》びつくと、覚醒《かくせい》したり、集中力《しゅうちゅうりょく》・判断力《はんだんりょく》が保《たも》たれたりする。

なるほど理系脳《りけいのう》クイズ！

「ねむけ」などの、薬《くすり》を飲《の》んだときに生《しょう》じる望《のぞ》まないはたらきを何《なん》という？　①副作用《ふくさよう》　②主作用《しゅさよう》

11

きょぜつ反応《はんのう》がおきない！
未来《みらい》の臓器移植《ぞうきいしょく》

病気《びょうき》になったり事故《じこ》にあったりするなどして、体内《たいない》の臓器《ぞうき》が十分《じゅうぶん》にはたらかなくなった場合《ばあい》、私《わたし》たちは「臓器移植《ぞうきいしょく》」というちりょうを受《う》けることがあります。

臓器移植《ぞうきいしょく》では、ある人《ひと》から取《と》りだした健康《けんこう》な臓器《ぞうき》を、ちりょうを必要《ひつよう》とするほかの人《ひと》に、手術《しゅじゅつ》によって移《うつ》しかえます。

手術《しゅじゅつ》が成功《せいこう》しても、安心《あんしん》はできません。なぜなら、移植《いしょく》された臓《ぞう》器《き》が免疫細胞《めんえきさいぼう》によって〝異物《いぶつ》〟とみなされ、こうげきを受《う》ける「きょぜつ反応《はんのう》」がおきる可能性《かのうせい》があるからです。きょぜつ反応《はんのう》がおきると、移植《いしょく》された臓器《ぞうき》は、正《ただ》しく機能《きのう》しなかったり死《し》んでしまったりします。

このような問題《もんだい》がおきないのが、現在研究《げんざいけんきゅう》が進《すす》められている「iPS細胞《アイピーエスさいぼう》」を使《つか》ったちりょう法《ほう》です。実現《じつげん》すれば、臓器移植《ぞうきいしょく》だけでなく、薬《くすり》の開発《かいはつ》にも役立《やくだ》つと期《き》待《たい》されています。

ハカセMEMO《メモ》！

全身《ぜんしん》を再生《さいせい》できる「プラナリア」

川《かわ》などにすむ「プラナリア」という生《い》きものは、たとえ体《からだ》が3つに切断《せつだん》されても、それぞれがプラナリアに再生《さいせい》されるゾ。これはプラナリアが、1個《こ》の細胞《さいぼう》から個体に“変身《へんしん》”できる細胞《さいぼう》（全能性幹細胞《ぜんのうせいかんさいぼう》）を、全身《ぜんしん》にもつためじゃ。

クイズの答《こた》え：P151➡①

未来《みらい》の臓器《ぞうき》移植《いしょく》とは…

★現在《げんざい》の臓器《ぞうき》移植《いしょく》

ある人《ひと》から取《と》りだした臓器《ぞうき》を、ほかの人《ひと》に移《うつ》すので、きょぜつ反応《はんのう》がおきやすい。

★未来《みらい》の臓器《ぞうき》移植《いしょく》

iPS細胞《アイピーエスさいぼう》

さまざまな臓器《ぞうき》や組織《そしき》の細胞《さいぼう》に"変身《へんしん》"（分化《ぶんか》）することができる。

❶ちりょうを必要《ひつよう》とする人《ひと》から取《と》りだした体細胞《たいさいぼう》をもとに、iPS細胞《アイピーエスさいぼう》をつくる。

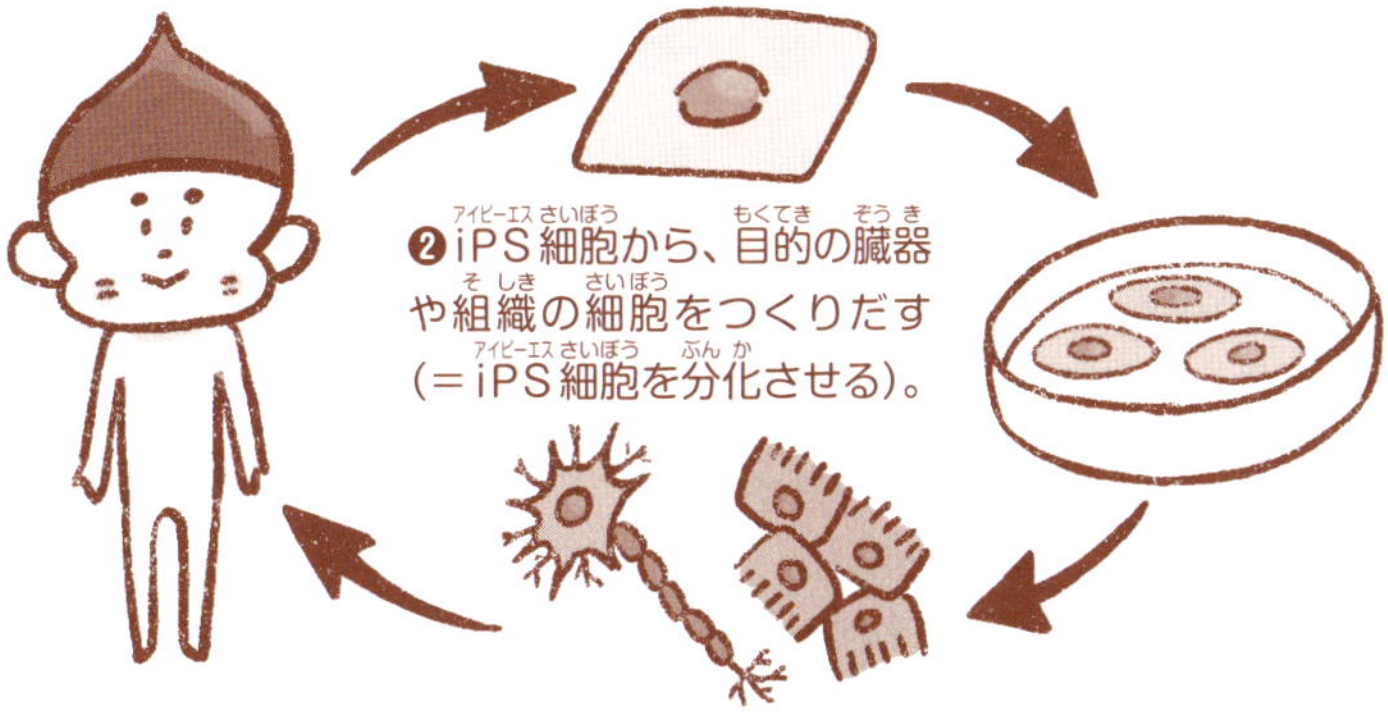

❷iPS細胞《アイピーエスさいぼう》から、目的《もくてき》の臓器《ぞうき》や組織《そしき》の細胞《さいぼう》をつくりだす（＝iPS細胞《アイピーエスさいぼう》を分化《ぶんか》させる）。

❸つくりだした細胞《さいぼう》を移植《いしょく》する（＝きょぜつ反応《はんのう》の心配《しんぱい》がない）。

★なるほど理系脳《りけいのう》クイズ！

iPS細胞《アイピーエスさいぼう》の作成《さくせい》に成功《せいこう》した人物《じんぶつ》は？　①山中伸弥《やまなかしんや》教授《きょうじゅ》　②ロベルト・コッホ　③アインシュタイン

世界《せかい》を救《すく》ったワクチン
う〜ん…
世界的《せかいてき》に有名《ゆうめい》な音楽家《おんがくか》とか？
んなわけないじゃーん！
フッ…
君《きみ》たちもまだまだだねぇ…
むむ…
わぁん〜〜
おやつにしよう〜
なんじゃクイズか？

※空気感染《くうきかんせん》する。なお、天然痘《てんねんとう》は古《ふる》くからあり、4000年《ねん》前《まえ》くらいに動物《どうぶつ》から人《ひと》にうつったとされている。

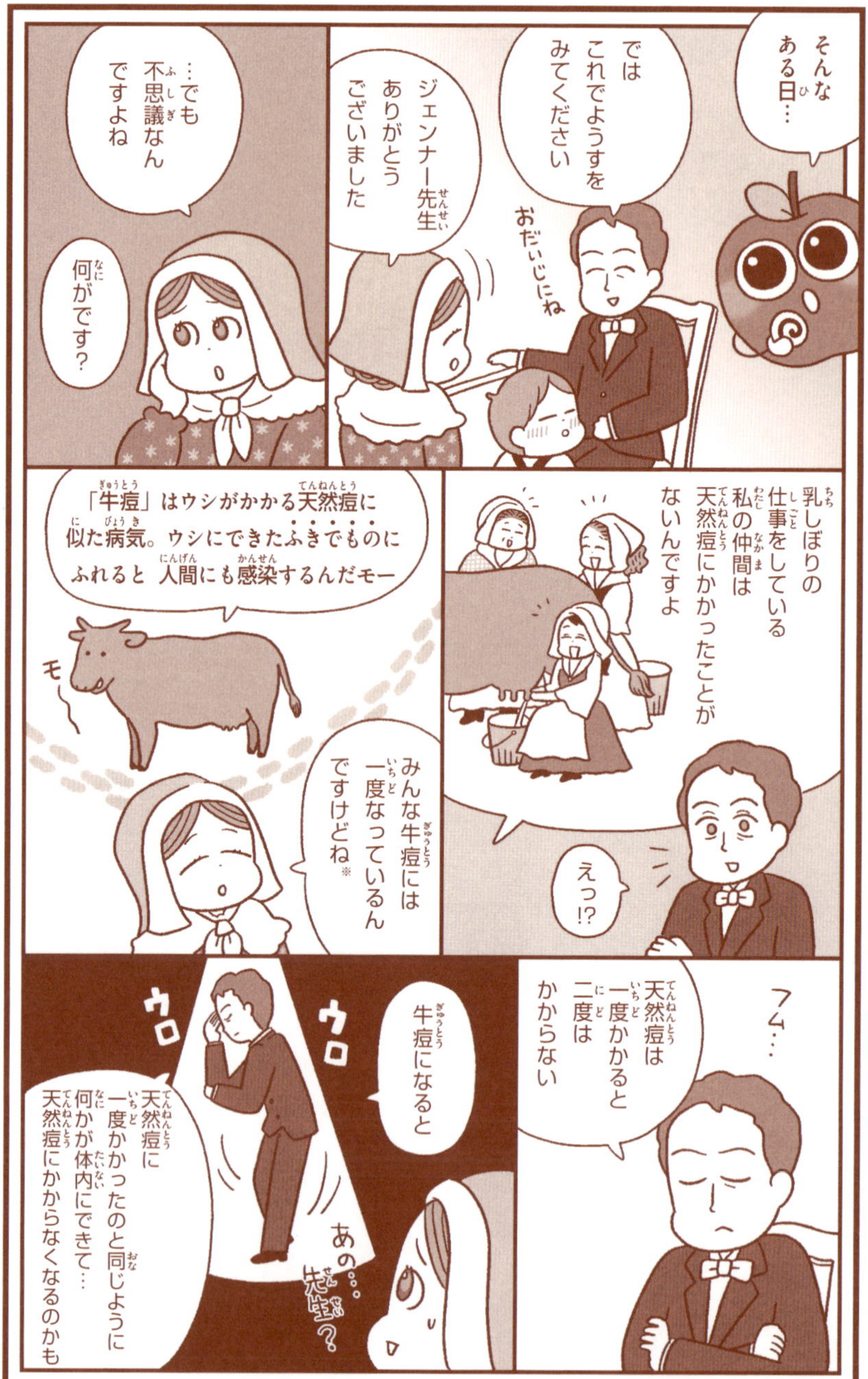
そんなある日《ひ》…
ではこれでようすをみてください
おだいじにね
ジェンナー先生《せんせい》ありがとうございました
…でも不思議《ふしぎ》なんですよね
何《なに》がです?
乳《ちち》しぼりの仕事《しごと》をしている私《わたし》の仲間《なかま》は天然痘《てんねんとう》にかかったことがないんですよ
えっ!?
「牛痘《ぎゅうとう》」はウシがかかる天然痘《てんねんとう》に似《に》た病気《びょうき》。ウシにできたふきでものにふれると人間《にんげん》にも感染《かんせん》するんだモー
モ
みんな牛痘《ぎゅうとう》には一度《いちど》なっているんですけどね※
フム…
天然痘《てんねんとう》は一度《いちど》かかると二度《にど》はかからない
牛痘《ぎゅうとう》になると
ウロ
ウロ
天然痘《てんねんとう》に一度《いちど》かかったのと同《おな》じように何《なに》かが体内《たいない》にできて…天然痘《てんねんとう》にかからなくなるのかも
あの…先生《せんせい》?

※しょうじょうは、天然痘《てんねんとう》より軽《かる》かった。

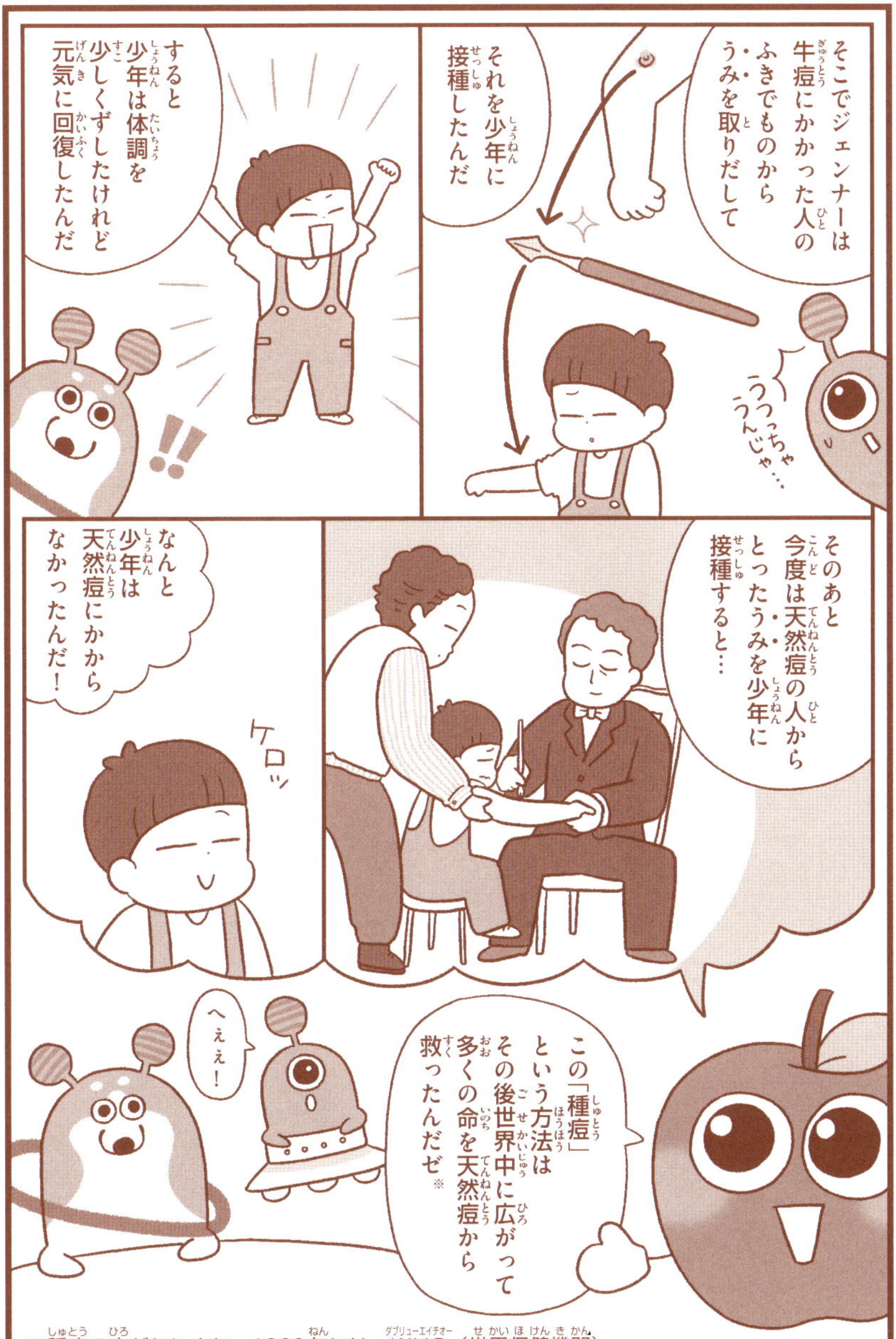

※種痘《しゅとう》の広《ひろ》がりにより、1980年《ねん》には、WHO《ダブリューエイチオー》（世界保健機関《せかいほけんきかん》）によって「地球《ちきゅう》から天然痘《てんねんとう》が消《き》えた」ことが宣言《せんげん》された。なお、種痘《しゅとう》は「ワクチン接種《せっしゅ》」のはじまりといわれている。

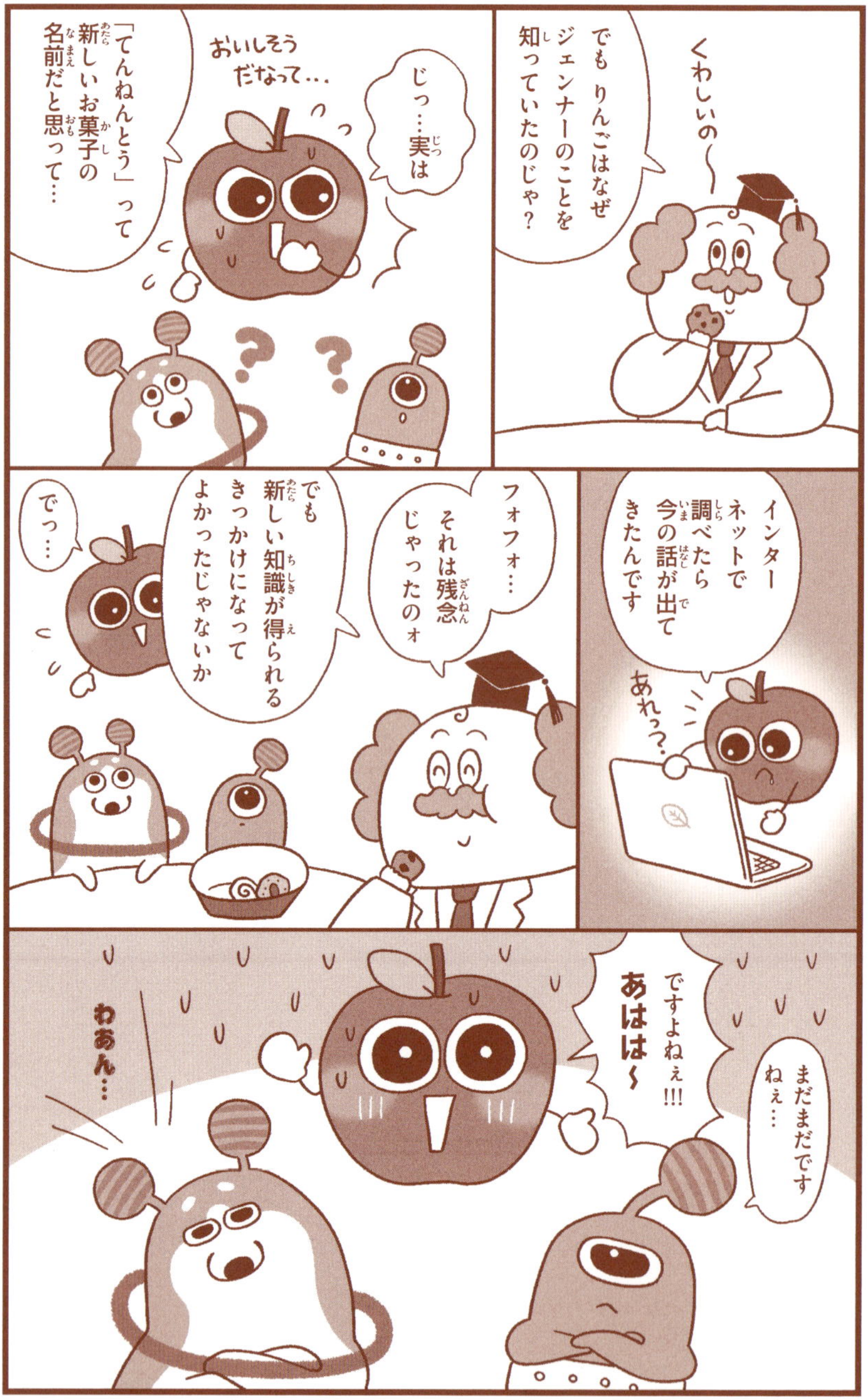

くわしいの〜
でも りんごはなぜ ジェンナーのことを 知《し》っていたのじゃ？
じっ…実《じつ》は
おいしそう だなって…
「てんねんとう」って 新《あたら》しいお菓子《かし》の 名前《なまえ》だと思《おも》って…
インターネットで 調《しら》べたら 今《いま》の話《はなし》が出《で》て きたんです
あれっ？
フォフォ…
それは残念《ざんねん》 じゃったのォ
でも 新《あたら》しい知識《ちしき》が得《え》られる きっかけになって よかったじゃないか
でっ…
ですよねぇ!!!
あはは〜
まだまだです ねぇ…
わあん…

マンガ

松本麻希　36-41, 54-61, 114-119, 154-158

イラスト

アヤカワ　42, 72, 128
イケウチリリー　19, 23, 27, 65, 71, 101, 103, 127, 138-139, 153
いとうみつる　44, 69, 74, 85, 104-105, 130, 135
小宮山サト　29, 44, 47, 51, 83
桜井葉子　45, 49, 53, 63, 75, 93, 96, 107, 125
さややん。　20-21, 35, 74-75, 79, 81, 89, 111, 113, 131, 145, 150-151
関上絵美・晴香　24, 66, 96, 105, 146
深蔵　67, 109, 123
堀江篤史　25, 31, 33, 76-77, 87, 91, 141, 147, 149
まるみや　99, 121, 133, 137

イラスト・写真

2-3　イメージマート
7　(コアラ)Vadim/stock.adobe.com・Alizada Studios/stock.adobe.com, (オランウータン)Inspir8tion/stock.adobe.com・ch.krueger/stock.adobe.com
16-17　(リボン)Yanka/stock.adobe.com, (骨人間・血管人間)pikovit/stock.adobe.com, (ブドウ)ductru/stock.adobe.com, (飛行機)nmrahim/stock.adobe.com
19〜　(図見出し)designbeginner/stock.adobe.com
22　2F_komado/stock.adobe.com
26　nano3/stock.adobe.com
34　moffzo/stock.adobe.com
44-45　(リボン)Yanka/stock.adobe.com, (虫めがね)creamfeeder/stock.adobe.com, (人間)pikovit/stock.adobe.com, (トイレ)sudowoodo/stock.adobe.com
46　(パン)Rebotsun/stock.adobe.com, (イモ)Ichizu/stock.adobe.com, (おにぎり)Tossan/stock.adobe.com
52　タカポーン/stock.adobe.com
72　sudowoodo/stock.adobe.com
74-75　(リボン)Yanka/stock.adobe.com, (指紋)Creative_Captain/stock.adobe.com, (船)Antonio/stock.adobe.com, (目)Tyrol/stock.adobe.com, (人間)Poi Natthaya/stock.adobe.com
80　Antonio/stock.adobe.com
82　ミミクリ/stock.adobe.com
84　wachiwit/stock.adobe.com
86　KukiLadrondeGuevara/stock.adobe.com
88　公益社団法人全国和牛登録協会
89　(オランウータン)Inspir8tion/stock.adobe.com・ch.krueger/stock.adobe.com, (コアラ)Vadim/stock.adobe.com
94　(目)Tyrol/stock.adobe.com
96-97　(リボン)Yanka/stock.adobe.com, (人間)picture-waterfall/stock.adobe.com, (ミュラー・リヤー)Peter Hermes Furian/stock.adobe.com, (ケーキ)amornism/stock.adobe.com, (エナジードリンク)mhatzapa/stock.adobe.com
98　洋 奥山/stock.adobe.com
99　(ミュラー・リヤー)Peter Hermes Furian/stock.adobe.com
100　MINIWIDE/stock.adobe.com
106　Kirill Semenov/stock.adobe.com
111　(インコ)ヨシヒロ/PIXTA
112　alvaropuig/stock.adobe.com
120　Julie/stock.adobe.com
128　Ruqqq/stock.adobe.com
130-131　(リボン)Yanka/stock.adobe.com, (予防接種)Vilogsign/stock.adobe.com, (ペニシリン)shtiel/stock.adobe.com, (カゼの子)fuku/stock.adobe.com, (手)Icons-Studio/stock.adobe.com, (がん細胞)jiaking1/stock.adobe.com
133　(人間)pikovit/stock.adobe.com
136　(ウイルス)meg/stock.adobe.com, (身長計)m-tsukasa/stock.adobe.com
140　史佳 河野/stock.adobe.com
143　Archivist/stock.adobe.com
144　sato66/stock.adobe.com
145　Eric Isselée/stock.adobe.com
152　sinhyu/stock.adobe.com
Newton Press　4-6, 8-9, 68※, (においを区別するしくみ)83, (★と+)94, 111

※PDB ID:2Q9SをもとにePMV(Johnson, G.T. and Autin, L., Goodsell, D.S., Sanner, M.F., Olson, A.J.(2011). ePMV Embeds Molecular Modeling into Professional Animation Software Environments. Structure 19, 293-303)を使用して作成

［監修］

坂井建雄／さかい・たつお

順天堂大学医学部客員教授。医学博士。東京大学医学部医学科卒業。専門は解剖学、医学史。日本医史学会副理事長。著書・監修書は『図説 医学の歴史』『標準解剖学』『世界一美しい人体の教科書』（以上単著）、『人体の正常構造と機能』（編著）、『プロメテウス解剖学アトラス』（監訳）など多数。

［スタッフ］

編集マネジメント	中村真哉
編集	上島俊秀
組版	髙橋智恵子
誌面デザイン	岩本陽一
カバーデザイン	宇都木スズムシ＋長谷川有香（ムシカゴグラフィクス）
マンガ	松本麻希
イラスト	アヤカワ　イケウチリリー　いとうみつる　小宮山サト　桜井葉子　さややん。　関上絵美・晴香　深蔵　堀江篤史　まるみや

好きを知識と力にかえる

博士ずかん
びっくり人体

2025年4月20日　発行

発行人　松田洋太郎

編集人　中村真哉

発行所　株式会社ニュートンプレス

〒112-0012　東京都文京区大塚3-11-6

https://www.newtonpress.co.jp

電話　03-5940-2451

ISBN 978-4-315-52919-7